U0344117

本书由国家自然科学基金(41602335)

江西理工大学清江青年英才支持计划(JXUSTQJYX2017001)

江西理工大学优秀学术著作出版基金资助出版

地学空间预测的定量
分析方法与应用

Quantitative Analytical Methods and Applications in Geoscience Spatial Prediction

孙　涛　杨慧娟　胡紫娟　李　慧　**著**

中南大学出版社
www.csupress.com.cn

·长沙·

图书在版编目（CIP）数据

地学空间预测的定量分析方法与应用／孙涛等著.
—长沙：中南大学出版社，2019.12
ISBN 978 - 7 - 5487 - 3843 - 5

Ⅰ.①地… Ⅱ.①孙… Ⅲ.①空间信息技术－应用－
地质勘探－定量分析－研究 Ⅳ.①P208②P624

中国版本图书馆 CIP 数据核字（2019）第 264747 号

地学空间预测的定量分析方法与应用
DIXUE KONGJIAN YUCE DE DINGLIANG FENXI FANGFA YU YINGYONG

孙 涛 杨慧娟 胡紫娟 李 慧 著

□责任编辑	伍华进	
□责任印制	易红卫	
□出版发行	中南大学出版社	
	社址：长沙市麓山南路	邮编：410083
	发行科电话：0731 - 88876770	传真：0731 - 88710482
□印　　装	长沙印通印刷有限公司	

□开　　本	710 mm×1000 mm 1/16	□印张 12	□字数 242 千字
□版　　次	2019 年 12 月第 1 版	□2019 年 12 月第 1 次印刷
□书　　号	ISBN 978 - 7 - 5487 - 3843 - 5	
□定　　价	68.00 元	

内容简介 / Introduction

空间预测是地球科学研究领域极具科学意义和应用价值的课题，精准的定量预测可以为矿产资源定位和地质灾害防治提供具有重要意义的参考，特别是随着地学信息获取渠道的日益丰富和信息体量爆炸性地增长，定量化预测不仅成为可能，也是空间预测发展的必然趋势。本书以成矿预测和滑坡预测这两个空间预测领域的热点问题为研究主题，系统介绍了分形分析、Fry 分析、距离分布分析、证据权重法、机器学习、深度学习等一系列空间定量分析和预测方法，并通过应用实例阐明了根据预测任务和研究区实际选择合理方法、建立定量评估体系的过程，探讨了结合地质、地理、水文、地球物理、地球化学、遥感等多源地学信息建立空间预测输入数据集的方法，论证了预测模型在建立和应用过程中的评估标准和完善方案，并通过以上研究内容建立了一套完整的空间定量预测的思路框架和实施体系。

本书可以作为资源勘查、数学地质和地理信息系统等相关专业研究生的学习参考书，也可供从事矿产勘查、地质灾害防治和 GIS 空间分析应用等方面工作的科技人员使用。

作者简介 / About the Author

　　孙涛 1985年12月出生，江西赣州人。现任江西理工大学副教授、硕士生导师，主要从事数学地质、定量成矿预测和成矿数值模拟方面的科研和教学工作。2003年进入中南大学地学与环境工程学院地质工程专业学习，2007年进入中南大学地学与环境工程学院计算地球科学研究中心从事数学地质和地学计算模拟方面的研究，师从刘亮明教授，2014年获矿物学、岩石学、矿床学专业博士学位，同年进入江西理工大学资源与环境工程学院工作至今。在相关领域主持国家自然科学基金项目1项，中国博士后科学基金面上资助项目1项，省部级课题4项，出版学术专著1部，公开发表学术论文17篇，其中SCI检索论文7篇，入选江西理工大学"清江青年英才支持计划"。

前言 / Foreword

　　地球科学领域的空间预测研究涉及面很广，其中包含了许多与人类生存和发展密切相关的课题，如矿产资源定位、地质灾害预测、区域极端天气/气候预警、土壤有害元素区划等，地学研究者一直致力于这些关键空间目标的精准预测。得益于空间信息技术的迅猛发展和空间分析理论方法的成熟，通过数据驱动算法进行定量化空间预测在地学领域取得了令人瞩目的进展。正是在这样的研究大背景下，本书选择成矿预测和滑坡预测这两个地学空间预测的热点问题作为研究主题，介绍了相关领域应用广泛、算法成熟的空间分析和预测方法，并以赣南钨矿集区、铜陵铜矿集区和四川雅江县为研究对象，应用一系列空间定量分析方法，从不同角度揭示地学系统的空间分布模式和要素间的空间相关度，并以此为预测基础，采用不同的机器学习算法构建定量预测模型，从算法分类精度和模型预测性能方面综合评估预测模型，最终获得最佳的成矿/滑坡敏感性预测成果。

　　本书建立了完整的空间定量预测的研究方法体系，为解决地学空间预测领域存在的一些难题进行了有益的尝试：(1)由于地学系统的高度复杂性，不同的空间分析方法往往只能定量刻画地学系统某一方面的属性，在应用过程中必须经过多种方法的综合对比、互相论证才能全面而准确地反映目标地质要素的空间分布模式，而在空间预测的应用层面，不同的研究区具有迥异的成矿/滑坡诱发因素和形成条件组合，不同模型对成矿/滑坡过程的反映和对控制因子图层的权重赋值也不尽相同，因此需要建立多个预测模型，并对这些预测模型进行预测性能的综合评估和论证，才能确定特定研究区的最佳预测模型，获得最好的预测效果。(2)面对地学预测样本数量稀缺、预测参考信息量偏少的难题，本书认为获取可靠预测结果的关键在于地学认识和预测算法的结合：模型输入数据集应在地质认识模型的指导下，通过系统分析方法将理论模型转化为空间要素模型，选取最能反映成矿/滑坡过程的指示要素；模型的训练过程应足够稳健，并根据应用领域的实际情况选择和优化参数范围；验证过程中模型的实际预测性能和效率的评价权重应高于算法本身的分类权重，最终的预测成果应进行各种地质解译，解译结果应符合现有的地学认识。

本书是在作者团队近年来的研究成果基础上撰写的，全书共包含6章。第1章论述了地学空间预测的研究意义及地学定量分析和预测方法的发展和应用现状；第2章介绍了本书采用的空间定量预测分析方法；第3章以赣南钨矿集区为例，详细介绍了地质要素成矿相关度分析的应用过程及其分析结果在成矿潜力评估中的应用；第4章系统论述了定量成矿预测的研究体系，并以铜陵铜矿集区为例开展了详细的成矿要素空间分布分析、成矿系统综合解析、机器学习定量预测评价、预测结果评估与解译等工作，反映了融合多源地学信息的空间预测的完整流程。以上4章由江西理工大学孙涛、杨慧娟和李慧完成，孙涛负责空间分析和文字撰写，杨慧娟负责数据整理与图件输出，李慧负责模型算法整理。第5章以四川雅江县为例，介绍了结合机器学习和深度学习算法的滑坡敏感性评价方法及应用效果，由中国地质大学(北京)工程技术学院胡紫娟和孙涛共同撰写。第6章为全书总结。

本书的研究工作得到了国家自然科学基金项目"赣南脉钨矿床控矿断裂的非线性分布特征及其耦合动力学成因机制研究"(41602335)、江西理工大学"清江青年英才支持计划"(JXUSTQJYX2017001)和江西理工大学优秀学术著作出版基金的联合资助，中南大学计算地球科学研究中心刘亮明教授团队在研究思路和方法方面为作者提供了富有创见的指导，江西理工大学吴开兴教授、陈飞副教授、陈陵康副教授、刘卫明教授、刘强博士、李瑞雪博士、中南大学刘忠法副教授等人为本书的数据收集和成果解译工作提供了不同形式的帮助，在此一并致谢。最后特别感谢家人舒春香、孙石生、孙波在本书写作过程中给予作者的精神支持和事务分担，没有他们的鼓励和帮助，本书也无法顺利成稿和出版。

孙　涛
2019 年 11 月

目录 / Contents

第1章　绪　论 ··· (1)

　　1.1　研究背景与意义 ··· (1)

　　1.2　地学定量分析方法的发展与应用现状分析 ···················· (2)

　　　　1.2.1　成矿系统定量空间分析与预测方法的发展与应用现状分析

　　　　　　　 ··· (2)

　　　　1.2.2　滑坡定量评价方法的发展和应用现状分析 ··············· (5)

第2章　空间定量预测分析方法 ······································· (9)

　　2.1　分形分析 ··· (9)

　　2.2　Fry分析 ··· (11)

　　2.3　距离分布分析 ··· (12)

　　2.4　证据权重法 ··· (13)

　　2.5　机器学习 ··· (14)

　　　　2.5.1　支持向量机 ··· (14)

　　　　2.5.2　随机森林 ··· (17)

　　　　2.5.3　人工神经网络 ··· (18)

　　　　2.5.4　卷积神经网络 ··· (19)

第3章　地质要素成矿相关度的定量分析与应用 ···················· (22)

　　3.1　研究区概况 ··· (22)

　　3.2　基于分形的地质要素成矿相关度分析 ························ (25)

　　3.3　基于证据权重法的地质要素成矿相关度分析 ·················· (32)

　　3.4　基于分形分析和证据权重法的成矿潜力评估 ·················· (38)

第4章　定量成矿预测的研究与应用 ······························· (40)

　　4.1　定量成矿预测的研究思路 ···································· (40)

   4.2   研究区概况 ·· (41)

   4.3   矿化分布模式与控矿因素空间分析 ············· (46)

       4.3.1   矿点的空间分布模式 ························ (46)

       4.3.2   地质要素的成矿相关度分析 ·············· (49)

       4.3.2   空间分析结果的地质解译 ·················· (62)

   4.4   基于机器学习的定量成矿预测 ··················· (67)

       4.4.1   输入数据 ·· (67)

       4.4.2   模型训练 ·· (77)

       4.4.3   模型分类和预测能力评价 ·················· (83)

       4.4.4   成矿预测结果与讨论 ························ (92)

第 5 章   滑坡敏感性定量评价与应用 ······················· (95)

   5.1   研究区概况 ·· (95)

   5.2   输入数据集 ·· (97)

       5.2.1   滑坡样本集 ···································· (97)

       5.2.2   滑坡影响因子的信息图层 ·················· (99)

   5.3   滑坡敏感性定量评价 ··································· (115)

       5.3.1   模型训练 ······································ (115)

       5.3.2   滑坡影响图层的权重分析 ················ (119)

       5.3.3   模型精度评价与分析 ······················ (120)

       5.3.4   滑坡敏感性评价结果与讨论 ·············· (126)

第 6 章   结 论 ··· (131)

参考文献 ·· (133)

附录   彩图 ··· (151)

第1章 绪 论

1.1 研究背景与意义

许多地学事件与人类经济和社会的发展密切相关,如成矿过程形成的矿产资源是社会发展的重要物质基础,而地质灾害的发生则严重危害人类生命财产安全、破坏人类赖以生存的环境。对这些事件发生的时间和地点进行精准预测一直是地学研究的重要目标和热点课题。以目前的科学认知来说,要重现这些事件发生的时间过程,进而完全掌握它们的形成机制和演化过程是极其困难的,因为这些事件牵涉的过程繁多,并且发生在过去巨大的时间尺度上(如成矿相关地质过程的持续时间动辄以百万年计),当前缺乏有效手段示踪这些过程并探究其中的复杂耦合机制。但通过追寻这些事件形成的空间要素,掌握这些要素的空间分布规律,在此基础上进行空间预测是行之有效的。传统的基于知识驱动的地学空间预测非常依赖于专家和学者对空间控制因子的主观经验判断,预测结果和中间环节产物也以定性的成果为主。近20年来,随着空间信息技术的迅猛发展,可用于空间预测的多源地学信息越来越丰富,通过数据驱动的算法获取的定量预测模型可以更客观准确地表征目标要素的空间分布规律,进而提供更精确的空间预测结果,由定性研究向定量预测的转变已经成为地学空间预测发展的必然趋势。

空间定量预测是一项系统工作,并不是数学模型算法的简单应用,将复杂的地学系统转化成能真实反映地学过程的数据空间,并通过稳健的建模过程输出精确的预测成果,需要一套完整的思路框架和实施体系。本书以成矿预测和滑坡预测这两个空间预测领域的重要研究内容为主题,一方面,系统介绍了分形分析、Fry分析、距离分布分析、证据权重法、机器学习、深度学习等一系列空间定量分析和预测方法;另一方面,通过应用实例阐明了根据预测任务和研究区实际选择合理方法、建立定量评估体系的过程,探讨了结合地质、地理、水文、地球物理、地球化学、遥感等多源地学信息建立空间预测输入数据集的方法，论证了预测模型在应用过程中的评估体系和完善方案。本书提供了在目标区开展定量成矿预测和滑坡敏感性预测工作的思路框架，提出并验证了建立高效、可靠预测模型的有效途径，为促进定量化空间预测在相关领域的发展提供了有益的理论依据和模型参考。

1.2 地学定量分析方法的发展与应用现状分析

1.2.1 成矿系统定量空间分析与预测方法的发展与应用现状分析

成矿预测是一项多准则的决策任务，目的是圈定并优选特定矿床类型的勘探靶区（Carranza 和 Laborte，2015；Yousefi 和 Carranza，2015a）。这项任务非常困难，因为矿床作为多场、多过程复杂耦合成矿作用和成矿后多期次地质作用改造的产物，与成矿相关的信息都隐藏在各种形式的地质特征中，而这些地质特征与矿床的复杂空间联系很难被以经验判断为主的传统预测方法有效识别（Porwal et al.，2003）。定量空间分析和模拟可以弥补传统方法的不足，用定量的方法描述成矿相关要素的复杂分布并揭示其与矿化系统的内在联系，以此为认识基础进行研究区的成矿预测。从实际勘查工作出发，由于矿床的形成是多种地质过程非线性耦合的产物，需要满足多种有利的成矿地质条件（Zhao et al.，2009；Liu et al.，2011；Haddad－Martim et al.，2017），因此找寻与成矿过程相关的地质要素一直是勘查工作的重点，因为这些要素是研究矿床成因的重要线索并指示矿床可能存在的空间位置（Li et al.，2015；Haddad－Martim et al.，2017；Prasad et al.，2017）。然而，厘清地质要素与矿床的空间关联是一项难度很高的工作，这是因为这种关联本身就由于涉及非线性耦合的地质过程而显得异常复杂，再加之成矿期后叠加了很多随机过程、时间变质和空间偏移的影响，更难以从海量的地质现象和数据中被识别出来（Thiergärtner et al.，2006；Guo et al.，2016；Castañón et al.，2017；Manuel et al.，2017）。需要特别指出的是，在众多的地质要素控矿作用的研究中，构造要素对于矿床形成和后期改造的约束作用尤为重要，不同尺度的构造对热液矿床形成的约束作用已被广为认知：在全球尺度，热液成矿系统往往形成于特定的构造体制（Sillitoe，1972；Tosdal 和 Richards，2001；Kwelwa et al.，2018），如斑岩成矿系统大多形成于岩浆弧背景下；在区域尺度，热液矿床往往呈现出与区域断裂系统的密切空间联系，因为后者在成矿过程中发挥了将成矿流体从深部源区向浅部汇聚 - 沉淀区运移的重要作用（Cox et al.，2001；Sillitoe，2003；Austin 和 Blenkinsop，2009）；在矿床尺度，区域构造的次级断裂往往成为含矿热液汇聚和沉淀的有利场所（Zeng et al.，2018）。然而，以上构造对成矿的约束关系在各种地质现象和数据中常常呈现为隐晦的表现形式，这是因为：（1）构造，特别是大型构造，在不同部位可能具有变化的外在形式，典型的如浅部的断裂带延伸到深部变为糜棱岩带（Zeng et al.，2018）；（2）二维地质图件中通过地质图表现的区域构造与投影到地表的矿床点之间的空间关系可能存在误差；（3）构造要素及其约束的矿化可能形成于多期次的构造变形中（Chauvet et al.，2001）。因此，搜寻与成矿相关的构造要素并估量这些要素对矿床形成的贡献度是一个重要但又困难的任务。

为了解决以上难题，本书将一系列定量分析的方法引入到成矿要素空间相关度的研究中。比起传统的经验性、描述性的方法，这些定量研究方法具有更好的数据丰度、描述精度和应用灵活度，因此往往能更清晰地揭示相关要素的空间关联（Cheng，2008；Sun 和 Liu，2014）。由于在空间分析的应用中矿床往往被简化为地质图中的点，因此点模式的空间分析方法被越来越多地用于矿点分布及其地质约束的研究中，其中分形分析（Mandelbrot，1977；Roberts et al.，1998）和 Fry 分析（Fry，1979；Carranza et al.，2009；Mehrabi et al.，2015）最为有效。分形几何学由 Mandelbrot（1977）创立，是研究自然要素的复杂非线性分布模式及其内在动力学机制的有力工具。前人的很多研究成果都证明了地壳范围内的成矿过程会引起矿床和相关地质要素在不同的空间角度以不同的方式呈现出分形特征，如矿床的丛聚分布（Carranza，2009a；Carranza et al.，2009；Gumiel et al.，2010）、断裂网络的空间分布（Zhao ct al.，2011；Kruhl，2013）、成矿元素的浓度分布（Cheng et al.，1994；Zuo 和 Wang，2016）。因此，近年来分形分析被广泛应用于定量描述成矿系统的复杂空间分布（Roberts et al.，1998；Afzal et al.，2011；Agterberg，2013；Chen et al.，2015），并通过分析不同分形模式间的关联来揭示地质要素与矿床的空间联系（Ford 和 Blenkinsop，2008；Zuo et al.，2009a；Mirzaie et al.，2015）。通过计算和统计，分形分析和 Fry 分析可以识别人工解译很难发现的矿点复杂空间分布模式（Austin 和 Blenkinsop，2009；Sun et al.，2018）。证据权重法和距离分布分析则被应用于定量衡量矿点与地质要素的相关程度，以此来解释分形和 Fry 分析揭示的矿点分布模式（Agterberg et al.，1990；Cheng 和 Agterberg，

1999；Joly et al. ，2012；Yuan et al. ，2014；Sang et al. ，2017；Wang et al. ，2017；Xie et al. ，2017）。因此，以上多种定量空间分析方法必须综合应用，才能识别、描述进而解释矿床的复杂空间分布问题（Carranza，2009a；Haddad - Martim，2017），以此认识为基础为研究区的成矿预测提供直观的参考。

基于空间分析和模拟的成矿预测一般包括以下关键流程：（1）从多源地学数据中提取相关的地质信息；（2）选择能反映关键成矿过程的勘查要素；（3）从勘查要素的空间数据库中获取成矿预测图层；（4）集成各种成矿预测图层并选择合理的算法建立预测模型（Carrranza，2011；Porwal 和 Carranza，2015）。在过去 30 年间，与以上流程相关的空间技术迅速发展，极大地促进了成矿预测的进展，包括：（1）GIS 技术的进步为多源地学信息的收集、集成、可视化和分析提供了有力的工具（Bonham - Carter，1994；Asadi 和 Hale，2001；Nykänen 和 Ojala，2007；Kreuzer et al. ，2010；Porwal 和 Carranza，2015；Wang et al. ，2015；Gao et al. ，2016；Yousefi 和 Nykänen，2017；Sun et al. ，2017；Carranza，2017；Schetselaar et al. ，2018）；（2）成矿系统分析法的应用可以高效地将对成矿系统的地质认识转化为可量化表征的地质信息图层（Wyborn et al. ，1994；Kreuzer et al. ，2008；Joly et al. ，2012，2015；Kreuzer et al. ，2015；Hagemann et al. ，2016）；（3）大量定量分析和模拟的新方法的发展和应用提高了成矿预测模型的精度和可靠性（Carranza，2011；Porwal 和 Carranza，2015；Rodriguez - Galiano et al. ，2015；Nykänen et al. ，2015；Yousefi 和 Nykänen，2017；Liu et al. ，2018a）。

基于 GIS 的成矿预测可以分为知识驱动模型、数据驱动模型和混合模型三类。前两者的差别在于集成预测信息图层和估算模型参数主要依赖于专家知识（知识驱动型）还是使用已知矿点数据训练模型（数据驱动型）（Joly et al. ，2015；Yousefi 和 Carranza，2015b），混合模型则同时考虑了专家知识和已知矿点数据（Cheng 和 Agterberg，1999；Porwal et al. ，2004；Carranza et al. ，2008a；Zuo et al. ，2009b）。常用的数据驱动型的模拟方法如证据权重法（Carranza，2004；Yuan et al. ，2014；Kreuzer et al. ，2015；Sun et al. ，2017；Qin 和 Liu，2018）和逻辑回归（Porwal et al. ，2010；Li et al. ，2015）因为其算法简单和结果易解译的优点在成矿预测领域得到广泛的应用（Zuo 和 Carranza，2011）。但要应用两种算法建立无偏模型需满足一定的假设，如要求输入数据满足一定的分布模式、输入特征之间应符合条件独立（Agterberg 和 Cheng，2002；Porwal et al. ，2003；Carranza 和 Laborte，2015），勘查数据的复杂分布模式和成矿要素间的非线性关联使得成矿预测的应用实例很少能全部满足这些假设。近年来，机器学习算法被推广和应用于地学研究的各个领域（Lary et al.，2016；Lee et al.，2017a；Zuo，2017），与前述的数据驱动模型相比，机器学习算法无需考虑输入数据的分布模式，并且有很强的处理非线性空间关系的能力（Zuo，2017）。除此之外，作为人工智能领域的重要分支，机器学习算法的模式识别能力优异，并能集成海量的多源空间数据（Porwal et al.，2003）。以上优点使得机器学习算法在基于 GIS 的成矿预测领域的应用愈加广泛和深入（Porwal et al.，2003；Zuo 和 Carranza，2011；Carranza 和 Laborte，2015；Rodriguez–Galiano et al.，2014；Zhang et al.，2015；Shabankareh 和 Hezarkhani，2017；Zhang et al.，2018a；Sun et al.，2019）。

1.2.2 滑坡定量评价方法的发展和应用现状分析

与成矿系统相比，滑坡形成的时间维度虽然要短得多（往往几年到几十年），但滑坡发生的空间维度更广。滑坡的形成也是多种因素复杂耦合的结果，这些因素不仅涉及地质过程，也包括地貌、水文乃至人类活动等，造成了现有认识中滑坡发生的时间、地点、方式和规模的不确定性。与成矿预测类似，滑坡预测的关键也是厘清各种因素与滑坡点之间的空间联系，进而掌握滑坡空间分布规律和控制机制，要完成这些任务同样有赖于定量研究方法的应用。

滑坡预测的困难主要在于滑坡灾害在时间和空间上的不确定性，滑坡的形成涉及地形、地质、水文、土地状况和人为因素等多种要素，这些要素间复杂的空间关系和相互反馈作用控制着滑坡的形成和发展；而且在不同区域内，这些要素对滑坡的影响权重又各不相同。传统的滑坡预测多是依赖于专家或学者基于各种滑坡因子权重综合的经验判断，随着空间技术手段的进步，可获取的反映滑坡控制因子的信息量越来越庞大，滑坡的空间复杂性也日益凸显，对以知识驱动为主的传统预测模式提出了很大的挑战。

滑坡灾害的研究工作在国内历来备受重视，研究的方向集中于滑坡灾害发育特征（杜国梁，2017；唐然等，2018）、滑坡稳定性分析（倪恒等，2012；李朋丽等，2013；倪化勇等，2015）、滑坡预测预报（沈芳等，1999；戴福初等，2007；喻根等，2007；毛伊敏等，2014）、滑坡防治措施（王恭先，2005）等方面。滑坡的预测是一项复杂的系统工作，涉及滑坡形成和演化的非线性系统，由于在处理非线性空间大数据方面的优势，集成 GIS 空间分析技术的数据驱动算法已经成为研究滑坡空间复杂性和评价滑坡易发性的有力工具（Goetz et al.，2015；Reichenbach et al.，

2018）。近年来，由于人工智能领域机器学习方法在视觉科学和智能识别领域表现出现象级的卓越性能，滑坡领域的研究者也愈发关注机器学习在滑坡预测中的应用。作为一种数据驱动型的预测方法，机器学习可以通过模型训练识别众多控制因子之间的非线性关系及其与滑坡事件的内在联系，以此为基础预测未知区域的滑坡易发性。国内外学者开展了大量基于机器学习算法的滑坡敏感性评价的研究工作，各有侧重的优势算法和评价标准，以下从 6 个方面进行综述概括。

（1）基于条件概率的逻辑回归模型是滑坡预测中传统的基于统计原理的预测模型，也是机器学习算法兴起之前最为流行的滑坡预测模型，因其预测过程和模型特点与机器学习有很多共同之处，常被纳入机器学习的讨论范畴。如胡德勇等（2008）选择 9 个滑坡影响因子，建立了条件概率模型和逻辑回归模型对研究区的滑坡进行敏感性分析与评价；许冲等（2013）选取 8 个滑坡影响因子，利用逻辑回归模型建立了汶川地震滑坡危险性区划图并得到了较好的评价结果；Pourghasemi 等（2018）使用逻辑回归和增强逻辑回归算法评价了滑坡敏感性并进行了危险性区划。逻辑回归常与主流的机器学习算法对比，如谭龙等（2014）利用逻辑回归模型和支持向量机模型对区域滑坡进行了敏感性评价，对比评估结果表明这两种模型均有较好的评价性能。

（2）人工神经网络和支持向量机是近年来应用最广的两种机器学习算法，这两种算法对不同诱导因子组合的滑坡预测具有较好的适应性和优良的预测性能。如胡铁松等（1998）认为人工神经网络可以对滑坡进行全面的空间预测，既能进行滑坡时间预测同时又可以进行滑坡位移预测；于宪煜等（2016）利用粗糙集理论和支持向量机模型进行滑坡影响因子选择，结果表明其精度与准确性均优于传统方法；Kumar 等（2017）利用优化的支持向量机算法对印度曼达基尼河流域进行滑坡敏感性制图与预测，认为优化后的算法预测精度更高；Lee 等（2017b）利用支持向量机算法进行韩国江原道滑坡敏感性制图；Pham 等（2017a）基于序列最小优化的支持向量机、特征区间和基于 GIS 技术进行了滑坡敏感性评价；Lee 等（2018）利用优化的数据挖掘和统计方法，对数据匮乏环境下的滑坡敏感性进行了各种机器学习算法的建模，发现支持向量机的预测精准度最高。

（3）基于树的预测模型在地学预测中应用越来越广，从早期的分类和回归树到最近热门的随机森林算法，基于树的模型在滑坡预测方面都有出色的表现。毛伊敏等（2014）提出了结合不确定因子和其他因子的不确定决策树算法，并应用于滑坡预测研究中，取得了很好的成效；Provost 等（2017）利用随机森林监督分类器对内生滑坡地震活动进行了自动分类；Quang‐Khanh 等（2017）提出了一种基于实例学习分类器和旋转森林集成的浅层滑坡空间预测方法，可以在滑坡空间预测中取得较好的效果；Chen 等（2018）评估和比较了贝叶斯网络、径向基分类器、逻辑模型树和随机森林模型四种先进的机器学习技术，并应用于江西省崇仁县滑坡敏感性建模，结果表明随机森林模型有最高的预测精度；Dou 等（2019）利用高级随机森林和决策树算法对日本伊豆‐大岛火山岛进行了降雨诱发的滑坡敏感性评估。

（4）极限学习机、蚁群聚类算法和深度学习算法等先进学习模型在缩短运算时间、处理空间大数据信息库和提高分类精度等方面有卓越的表现。Vasu 和 Lee（2016）以韩国文渊山为研究区，选择了 23 个滑坡影响因子，探讨了一种基于混合特征选择算法的极限学习机在研究区滑坡敏感性评价中的应用；刘卫明等（2018）结合近似骨架理论，构建了不确定近似骨架蚁群聚类算法模型，快速搜索出了聚类结果，在滑坡预测应用中达到了很高的预测精度；Ghorbanzadeh 等（2019）对比了多种浅层机器学习模型和深度学习中卷积神经网络在滑坡预测应用中的预测性能；Wang 等（2019）将不同层级结构的卷积神经网络用于滑坡预测，并与支持向量机的预测模型进行了对比，证明了深度学习在分类精度上超过了浅层学习算法。

（5）不同模型的比较性研究一直贯穿于基于机器学习的滑坡预测研究中，特别是近年来，该领域的研究都倾向于采用多种模型的综合或集成来提升预测模型的分类精度和预测成效。如 Steger 等（2016）分别采用逻辑回归、广义相加模型、随机森林和支持向量机，进行了奥地利 Flysch 地区的滑坡敏感性分析，建立了集成的滑坡评价模型；Bui 等（2016）对用于浅层滑坡灾害空间预测的模型（包括支持向量机、人工神经网络、核函数逻辑回归和逻辑模型树）进行了对比研究，认为在浅层滑坡敏感性评价中机器学习算法的选择是获得可靠预测结果的重要环节；Pham 等（2017b）采用基于 GIS 的多层感知器神经网络和机器学习集成系统对喜马拉雅地区的滑坡易感性进行了评价，通过对比研究认为 MultiBoost 模型表现最好；Shirzadi 等（2017）提出了一种基于贝叶斯树和随机子空间的混合智能算法，并应用于伊朗 Bijar 地区的滑坡敏感性评价中，取得了良好的效果；Pham 等（2018）采用了基于随机子空间和分类‐回归树的混合机器学习算法进行滑坡预测；Nguyen 等（2017，2018）提出了一类可用于滑坡预测的混合机器学习模型，融合了粒子群优化自适应模糊推理系统、粒子群优化人工神经网络和基于最优第一决策树的旋转森林。

(6)许多学者研究了模型输入和输出(如模型原始数据、前处理、敏感性分区等方面)对机器学习模型预测精度和性能评估的影响。如熊浪涛等(2016)对选取的样本进行了筛选,并且对样本筛选前后的建模效果和模型应用效果进行了对比分析;Ciampalini 等(2016)提出了利用 PSIN SAR 数据对滑坡敏感性分布图进行细化的方法,有助于提高滑坡评价成果图的指示精度;Oommen 等(2018)探讨了降雨诱发滑坡敏感性评价中变量选择和建模分辨率对最终预测结果的影响。

综合国内外发展现状来看,机器学习在滑坡预测中的应用有如下的特点和发展趋势:(1)随着空间信息技术的长足发展,可集成的信息图层越来越多,预测因子选择的重要性愈发凸显;(2)机器学习方法从浅层学习向深层学习方向发展,学习模型从单一模型向混合模型(ensemble models)发展,预测精度显著提高;(3)模型的评价形成了较完整的体系,通过一些公认的评价标准(如混淆矩阵、*ROC* 曲线、成功率曲线)可以全面而准确地评估模型预测性能的优劣。

第 2 章　空间定量预测分析方法

2.1　分形分析

分形现象是指自然物体在不同观测尺度下具有相似的几何形态特征（如形状、长度、密度等），即局部的几何形态特征与总体特征存在一定程度的"自相似性"。这种尺度不变性可以通过定量分析目标特征与其表征尺度的幂律关系来进行研究（Mandelbrot，1977）。目前有多种方法可以用于计算这种分形体的幂律关系，由此可得到多种分形维数（Zuo 和 Wang，2016；Haddad - Martim et al.，2017），每种分形维数都从不同角度描述了目标分形体的几何复杂性。在地质分形分析中，目标体往往是点要素（如矿点、地球物理/化学异常点、滑坡点等）和线要素（如各种线状构造和各类地质界线），最常用的分形分析方法为数盒子法（box - counting method）。

在数盒子法中，一般用指定尺寸 r 的一系列盒子（在二维空间分析中即为边长为 r 的正方形网格）覆盖研究区，而后统计包含目标地质体的盒子数 $N(r)$。随后改变 r 的大小，统计相应尺寸网格下包含目标地质体的盒子数，此过程重复若干次。如果目标地质体是一个分形体，则观测特征 $N(r)$ 与观测尺度 r 之间存在以下幂律关系（Mandelbrot，1977）：

$$N(r) \propto A r^{-D_B} \qquad (2-1)$$

其中，A 为常数；D 为数盒子法获取的分形维数，通常被称为盒维数 D_B。实际测算过程中，将 $N(r)$ 和 r 投影到 log - log 坐标中，如果投影点可以用一条直线很好地拟合，那么直线斜率的绝对值就是盒维数。

图 2 - 1 展示了用数盒子法计算某区域线性地质要素的盒维数的过程：

（1）用边长为 4 单位的网格覆盖研究区，9 个盒子中有 8 个包含目标要素［图 2 - 1(a)］。

（2）网格的边长变为 2 单位，生成包含 36 个盒子的网格，其中 21 个盒子包含目标体［图 2-1(b)］。

（3）边长 r 变为 1 时，有效盒子数 $N(r)$ 为 57［图 2-1(c)］。

（4）将相应的 r-$N(r)$ 投影到 log-log 坐标系中获得若干投影点，最佳拟合直线的斜率的绝对值 1.2653 即为该线性要素的盒维数［图 2-1(d)］。

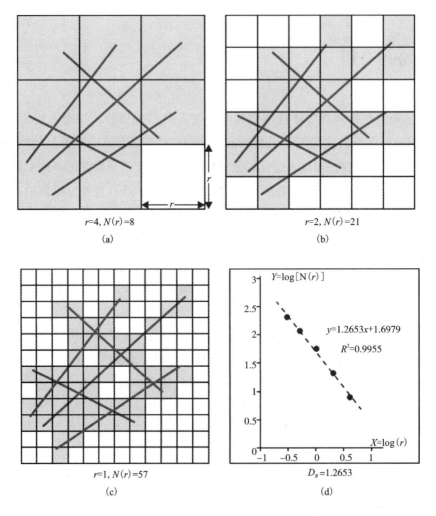

图 2-1　数盒子法计算区域线性要素的过程图解

(a)边长为 4 时的有效盒子数；(b)边长为 2 时的有效盒子数；

(c)边长为 1 时的有效盒子数；(d)边长和有效盒子数的幂律关系

在分析点要素分形维数时，数盒子法依旧适用。此外，Mandelbrot（1983）还提出了一种半径 - 密度法用于分析点要素的分形特征。在这种方法中，以每个点要素为圆心、半径为 r 建立圆形缓冲区，计算缓冲区范围的点密度 $P(r)$；变换不同的 r 可得到不同的点密度。如果目标点集为分形集，则 r 和 $P(r)$ 之间存在如下幂律关系（Mandelbrot，1983）：

$$P(r) \propto Br^{D_R - 2} \qquad\qquad (2-2)$$

其中，B 为常数；D_R 为半径 - 密度分维值。在实际计算过程中，与数盒子法类似，将 $r - P(r)$ 投影到双对数坐标中，拟合直线斜率的绝对值即为分维值 D_R。

2.2　Fry 分析

Fry 分析法由 Fry（1979）创立，最初用于变形岩石的应变测量，其后被广泛用于研究空间点系统的相对位置和空间联系。Fry 分析本质上是一种揭示点要素空间自相关特征模式的分析方法（Cheng 和 Agterberg，1999）。Fry 分析通过构建一种自相关图解（Fry 图）来进行（Carranza，2009a；Haddad - Martim et al.，2017），构建过程描述如下：

（1）准备两块图板，其中一块图板按空间坐标记录所有原始点数据的空间位置，标记为原始数据图板[图 2 - 2(a)]，另一个为范围比研究区大的空白图板，标记为 Fry 图板。

（2）在原始数据图板中选取一个原始点作为迁移点 O[图 2 - 2(b)]，以该点为参照将原始数据图板的所有原始点拷贝到 Fry 图板，即迁移时将 O 点与 Fry 图板的原点 O' 重合，其他原始点根据与 O 的相刘位置（等同于相对坐标）拷贝到 Fry 图板上[图 2 - 2(c)]。

（3）选取另一个原始点作为迁移点 O，重复步骤(2)，直至所有原始点都作为参照点拷贝过其他点[图 2 - 2(d)、图 2 - 2(e)、图 2 - 2(f)]。

（4）包含 n 个原始点的原始数据图板经过 N 次迁移拷贝，最后在 Fry 图板中记录了 $n^2 - n$ 个迁移点，这些点被称为 Fry 点，所有 Fry 点的集合即为 Fry 图[图 2 - 2(g)]。

Fry 图记录了每个原始点相对于其他任意一个点的距离和方向向量，因此增强了对目标点分布模式的识别能力（Carranza，2009a）。特别是原始点比较稀少或者空间点分布模式异常复杂的情况下，Fry 图可以很好地识别出点集隐含的分布模式特征。在地质空间分析中，常对不同距离范围内的 Fry 点编制玫瑰花图，揭示目标点集在不同空间尺度上的分布机制。

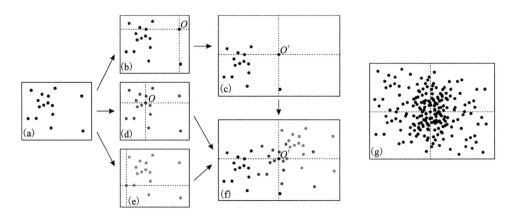

图 2-2　Fry 图解构建流程（彩图版见附录）

（a）为原始数据图板；（b）、（c）为以某原始数据点为参照点将数据点迁移到 Fry 图板；
（d）、（e）、（f）为以其他原始数据点为参照点将数据迁移到 Fry 图板；（g）为最终 Fry 图

2.3　距离分布分析

距离分布分析是一种基于空间缓冲技术的研究方法，用于定量评估目标点集与其他要素（可以是点集、线集或者面集）的空间相关性（Berman，1977；Carranza，2009a）。以控矿因素分析为例，该方法首先选定一种地质要素，建立围绕该要素的缓冲区；而后在特定的缓冲区范围内，统计和比较以下两个参量：①缓冲区内矿点分布频率（即缓冲区内出现的矿点数/总矿点数），标记为 D_M；②缓冲区内非矿点分布频率（一般通过不含矿点区域的面积/研究区不含矿点的总面积来计算），标记为 D_N。D_N 指示了在缓冲研究范围内常规空间要素的自然概率密度分布，这种概率分布由自然随机过程造就，与"灾变"性质的成矿事件无关。D_M 则反映了成矿过程造成的非随机的分布模式，往往呈丛聚分布。因此，D_M 与 D_N 的差值（标记为 D，$D = D_M - D_N$），反映了在某种地质特征的缓冲范围内，矿点丛

聚分布占主导的累计概率。如果 D 大于 0,表明该地质要素的分布特征与矿点分布呈正相关,为有利的控矿要素;D 等于 0 说明该要素的分布呈随机自然分布,与成矿无关;D 小于 0 说明该要素的分布与矿点分布呈负相关。

为了研究 D_M 是否在统计意义上大于 D_N,需要构建 D_N 的置信曲线 uc,要达到显著性水平 α = 0.01,uc 可通过下式获得(Berman,1986):

$$uc = D_N + \sqrt{9.21(M+N)/4MN} \qquad (2-3)$$

其中 M 为用于计算矿点比率的总矿点数;N 为计算非矿点比率的面积比值。在距离分布分析中,D_M 曲线在 uc 曲线上方指示了矿点与目标要素的空间相关关系具有显著的统计意义(Carranza,2009a)。

2.4　证据权重法

证据权重法是一种数据驱动型的统计方法,起源于医学诊断,后来广泛应用于各学科领域。在地学领域,证据权重法常用于评估地质要素在特殊事件(如矿床形成、滑坡等)中的相对重要性(权重),并以此为基础进行定量预测(Agterberg et al.,1990;Allek et al.,2016;Sang et al.,2017)。因此,证据权重法的关键环节在于定量地衡量地质要素与特殊事件产物(矿点、滑坡点等)的空间相关性。

Bonham – Carter(1994)提出了证据权重法的详细数学模型。以下以成矿相关的证据权重分析为例,给出证据权重法应用的详细步骤。需要特别指出的是,在实际应用中,证据权重法的实施过程需要用到一些 GIS 的研究思路和分析工具,限于篇幅和主题,相关 GIS 空间分析工具的操作细节本书不再赘述,如有需要请读者自行参阅相关资料。

首先,类似分形分析,用相同尺寸的 T 个网格单元覆盖研究区。网格的尺寸应根据具体研究的精度和研究区实际情况确定,可参见本书应用实例部分。如果在 T 个单元中,有 D 个单元包含已知矿点,则研究区成矿的先验概率为:

$$P_{prior} = P(D) = \frac{D}{T} \qquad (2-4)$$

地质要素 B_i 与矿点的空间相关度可以用正权重 W^+ 和负权重 W^- 来定量描述,其定义如下:

$$W^+ = \ln\left[\frac{P(B|D)}{P(B|\bar{D})}\right], \quad W^- = \ln\left[\frac{P(\bar{B}|D)}{P(\bar{B}|\bar{D})}\right] \qquad (2-5)$$

其中 B 和 $\bar{B}$ 表示包含地质要素 B_i 或者缺失 B_i 的事件；D 和 $\bar{D}$ 表示包含或者缺失矿点的事件；P 表示相关事件组合的概率，如 $P(B|D)$ 表示地质要素 B_i 和矿点出现在同一单元的概率。正权重和负权重之差 C 值定义为：

$$C = W^+ - W^- \qquad (2-6)$$

该值可作为表征地质要素与矿点相关度的定量指标，C 值大于 0.5 一般反映了目标要素之间密切的空间关系。在实际应用中，常采用 T 检验的结果 C_s 来评估 C 值的可靠性：

$$C_s = \frac{C}{S(C)} = \frac{C}{\sqrt{S^2(W^+) + S^2(W^-)}} \qquad (2-7)$$

其中，S 表示相应变量的标准差。$C_s = 1.96$ 是目前被广为认可的阈值，即当 C_s 大于 1.96 时，C 值表征的地质要素之间的空间相关性可以被认为具有显著的统计意义。

根据预测区中所有地质要素的权重组合，区内任一单元为矿点的可能性为后验几率，可以通过以下公式计算：

$$O_{\text{posterior}} = \exp\left\{\ln\left[\frac{P(D)}{1-P(D)}\right] + \sum_{i=1}^{n} W_i\right\} \qquad (2-8)$$

其中 W_i 为地质要素 B_i 的权重。最终，预测单元的成矿后验概率为：

$$P_{\text{posterior}} = \frac{O_{\text{posterior}}}{1 + O_{\text{posterior}}} \qquad (2-9)$$

2.5　机器学习

2.5.1　支持向量机

支持向量机的基本思想是通过构建一个具有最宽决策边界的线性分类器来对目标数据集进行精准的分类（Vapnic，2000）。然而，由于地球系统的高度复杂性，在地学分类和预测的应用中往往无法构建这样的线性分类器。在这种情况下，就需要将原始数据升维，即通过核函数将原始数据转换到一个高维（n 维）的特征空间，在该空间可以构建一个 $(n-1)$ 维的超平面将数据进行精确的分类。图 2-3 展示了非线性分类的一个实例：在原始的二维数据空间里，无法构建一条分界线将平面上的红球和蓝球分开[图 2-3(b)]；通过核函数将原始数据转换到三维特征空间后，可以构建一个二维分界面准确地将红球和篮球分开[图 2-3(c)]。除了寻求精确分类的超平面外，支持向量机还要求超平面具有最大决策宽度。如图 2-3(a)所示，在二维数据空间中，构建的分界线到不同类别最边缘的向量的距离应达到最大，将这些决定分界线(超平面)的若干个边缘向量被称为支持向量。

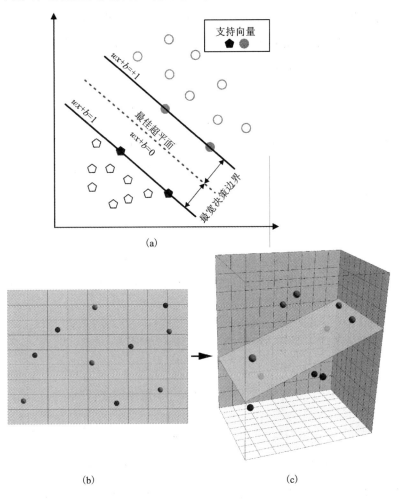

(a)

(b)　　　　　　　　　　　　(c)

图 2-3　支持向量机的基本思想(彩图版见附录)

(a)经典二维数据空间里支持向量机的最佳分类方案；(b)二维数据空间中线性不可分的问题；

(c)高维空间构建超平面进行分类

在本书的研究范围内，无论是成矿预测还是滑坡预测，本质上都是非线性的二元分类问题，即预测单元只能被分类为正值（矿点或滑坡点）或者负值（非矿点或者非滑坡点）。因此，以下仅描述面向非线性二元分类问题的支持向量机算法。对于一个拥有 n 个特征向量的训练集 $\{x_i\}_{i=1}^n$，每个向量都拥有一个数据标签 y_i：$y_i = 1$ 表示正样本，$y_i = -1$ 表示负样本。在原始数据无法线性分类的情况下，通过核函数 Φ 将数据转化到高维数据空间 H，这一过程可表示为（Burges，1998）：

$$\Phi: R^n \rightarrow H \tag{2-10}$$

此时，原数据向量 x_i 在空间 H 变为 $\Phi(x_i)$。在高维空间中构建一个可划分正负两类标签的超平面，用数学公式描述为（Huang et al.，2002）：

$$\begin{cases} w\Phi(x_i) + b \geqslant 1 - \xi_i & \text{当} y_i = 1 \text{时} \\ w\Phi(x_i) + b \leqslant -1 + \xi_i & \text{当} y_i = -1 \text{时} \\ \xi_i \geqslant 0, \ i = 1, 2, \cdots, n \end{cases} \tag{2-11}$$

其中 w 为垂直超平面的权重向量；b 为超平面的偏置项；ξ_i 为正松弛变量。基于上式，寻求最优超平面的问题可以转化为求解以下凸函数（Huang et al.，2002；Zhang et al.，2018a）：

$$\begin{cases} \text{Minimize}: \dfrac{1}{2} \|w\|^2 \\ \text{Subjected to}: y_i [w\Phi(x_i) + b] \geqslant 1, \ i = 1, 2, \cdots, n \end{cases} \tag{2-12}$$

该函数可以通过构建拉格朗日函数来优化求解（Burges，1998；Zhang et al.，2018a）：

$$L(w, \alpha, b) = \frac{1}{2} \|w\|^2 - \sum_{i=1}^n \alpha_i y_i [w\Phi(x_i) + b] + \sum_{i=1}^n \alpha_i \tag{2-13}$$

其中 $\alpha_i (i = 1, 2, \cdots, n)$ 为拉格朗日算子，可用下式计算：

$$\begin{cases} \text{Maximize}: \sum_{i=1}^n \alpha_i - \dfrac{1}{2} \sum_{i=1}^n \sum_{j=1}^n \alpha_i \alpha_j y_i y_j \Phi(x_i)\Phi(x_j) \\ \text{Subjected to}: \sum_{i=0}^n \alpha_i y_i = 0, \ 0 \leqslant \alpha_i \leqslant C, \ i = 1, 2, \cdots, n \end{cases} \tag{2-14}$$

其中 C 为错误分类的惩罚因子。从上式中可以看出，高维空间 H 上的训练算法仅取决于点积形式 $\Phi(x_i) \cdot \Phi(y_i)$，将核函数定义为（Burges，1998）：

$$K(x_i, x_j) = \Phi(x_i) \cdot \Phi(x_j) \tag{2-15}$$

因此，训练过程中只需要选定合适的核函数 K，而不需要知道 Φ 的准确形式

（Burges，1998）。目前有四种常用的核函数用于训练支持向量机：线性函数、径向基函数、多项式函数和 Sigmoid 函数。其中径向基函数因其形式简单和相对误差小而在地学预测中被广泛采用（Zuo 和 Carranza，2011），该函数可用下式描述：

$$K(\boldsymbol{x}_i, \boldsymbol{x}_j) = \exp(-\gamma \|\boldsymbol{x}_i - \boldsymbol{x}_j\|^2), \ \gamma > 0 \qquad (2-16)$$

其中，γ 为径向基函数宽度的控制变量。

2.5.2　随机森林

随机森林算法是一种集成机器学习算法，该算法集成了多个分类树/回归树对训练集反映的现象进行重复预测，采用多数投票的方式输出预测结果（Rodriguez - Galiano et al.，2014；Carranza 和 Laborte，2015）。随机森林采用了两种关键的随机方案来保证算法的稳健性和泛化能力：（1）用于构建大量子分类树/回归树的训练数据并非全部原始数据，而是通过一种"Bagging"采样法从原始数据中随机抽取的子集，"Bagging"采样抽取的数据并不会从原始数据集中删除，这些数据可以参与构建下一棵树的采样过程。（2）每棵分类树/回归树节点采用的并非输入数据的所有特征，而是在其中随机抽取的特征子集（Breiman，2001；Rodriguez - Galiano et al.，2015；Carranza 和 Laborte，2015）。

如前所述，本书的空间预测为二元分类问题，因此采用的是基于分类树的随机森林算法，该算法训练过程描述如下（图 2 - 4）：首先，在完成"Bagging"子集采样后，森林里的每棵分类树都从根节点分裂出两个叶节点；其后分类树搜索所有已生成的节点，找出具有最大信息纯度的树节点（Rodriguez - Galiano et al.，2014）；随机森林采用多种方法来衡量节点的信息纯度，本书采用了最常用的 Gini 指数（I_G），用公式可描述为（Breiman et al.，1984）：

$$I_G(f) = \sum_{i=1}^{m} f_i(1 - f_i) \qquad (2-17)$$

其中，f_i 为节点 m 处分类结果为 i 的概率，可以通过下式计算：

$$f_i = \frac{n_i}{n} \qquad (2-18)$$

其中，n_i 为预测节点分类标签为 i 的样品数量，n 为该节点总样品数量。最终的分类结果由森林中所有分类树结果通过多数投票机制决定。

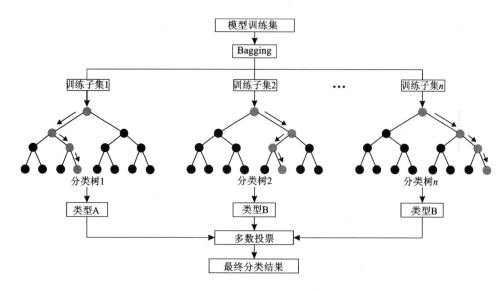

图 2 - 4　随机森林分类过程图解(彩图版见附录)

2.5.3　人工神经网络

人工神经网络借鉴仿生学中对人大脑功能的模拟,在许多研究领域中有着广泛而深入的应用,包括在地学领域用于高效识别和预测目标地质体的属性。神经元是人工神经网络的基本单元,要让神经元具有处理和识别复杂信息的能力,需要将其置于一个多层的网络中。本书采用了应用最广的前馈神经网络,其多层结构如图 2 - 5 所示,这个网络包含了一个输入层、一个或多个隐藏层(中间层)以及一个输出层。前馈神经网络是有序的全连接网络,即不同层中的神经元互相连接并按输入层 - 隐藏层 - 输出层的顺序交换和传播信息(Rodriguez - Galiano et al.,2015;Celik 和 Basarir,2017)。信息的传播过程中每个神经元都被赋予了不同的权重,下一层神经元获得的信息为与之相连的前一层神经元的加权值,即(Rodriguez - Galiano et al.,2015):

$$y_j = f(\sum_i w_{ji} x_i + b_j) \qquad (2-19)$$

其中 w_{ji} 为连接目标神经元 j 的前一层神经元 i 的权重;b_j 为神经元 j 的偏置项;f 为激活函数,本书采用 sigmoid 函数(Panda 和 Tripathy,2014):

$$f(x) = \frac{1}{1 + \exp(-x)} \qquad (2-20)$$

最终的预测结果由输出层的值 z 决定。

为了确保模型的学习能力,人工神经网络采用了反向传播算法:在一轮训练之后,计算输出的预测值和真实值之间的误差,将结果反馈给人工神经网络,网络根据反馈结果自调整各神经元之间的连接权重(Celik 和 Basarir,2017;Chen 和 Wu,2017)。经过多轮的训练,重复这种结果的反馈 – 调整过程直至输出的预测精度达到期望,或者训练的次数达到了预设的次数,至此训练结束。通过前馈网络和反向传播算法,神经元的参数可以得到充分的调整以产生足够逼近真实值的预测输出(Zaremotlagh 和 Hezarkhani,2017)。

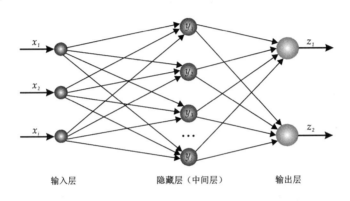

图 2 – 5　前馈人工神经网络的典型结构

2.5.4　卷积神经网络

卷积神经网络(convolutional neural networks)是深度学习的一类经典方法,深度学习是针对浅层学习而言,表明模型中具有多层结构。卷积神经网络的核心在于构建具有多种功能性的神经元图层,能更好地从原始输入数据中识别出那些表征现象本质的关键特征,从而提高分类和预测的性能(LeCun et al.,2015;Ghorbanzadeh et al.,2019;Wang et al.,2019)。本书采用典型的卷积神经网络结构,包括卷积层、池化层和全连接层三类图层。

(1)卷积层:卷积神经网络的核心图层,通过卷积处理来对输入图层进行特征提取。卷积的原理见图 2 – 6。定义提取特定特征值的卷积核,将卷积核叠覆在输入特征图中,卷积核中各网格值与覆盖特征值域分别相乘求和,将数值传递给输出特征图,并通过窗口滑动的方式移动卷积核进行逐行逐列的卷积处理,直至窗口滑动至特征图尾端。通过多个卷积核对输入图层进行卷积操作可以提取丰富的特征信息，供后续的分类器进行条件判别。

（2）池化层：对卷积层产生的特征图进行压缩。一方面使特征图尺度变小，减少后续全连接神经网络的计算复杂度；另一方面对高维特征图进行降维，提取其中的主要特征。池化操作一般分为最大池化和平均池化，本书选择应用更广的最大池化。池化过程和卷积类似，都是通过乘积核遍历特征图，找出其中最大的值域代表乘积核遍历范围内的局部特征。

（3）全连接层：连接前两层产生的所有特征，将输出值传输给分类器。全连接层相当于一类单独的人工神经网络，依然采取前馈结构进行权值的计算和传递。

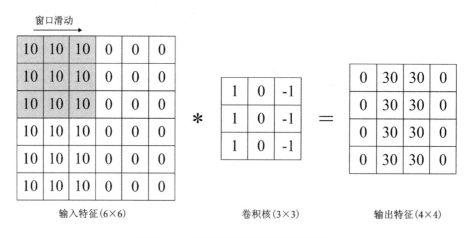

图 2-6 卷积层的特征提取原理图解

常用的卷积神经网络结构如图 2-7 所示，多个卷积核提取的特征作为输入数据接入全连接的人工神经元层。因此，卷积过程可以看作一种无监督的"预训练"，即对无标签的特征进行分析和提取，产生更具识别性的新特征，输入到有标签的训练过程，通过全连接层的前馈结构神经网络得到分类结果。卷积层和全连接层中采用 sigmoid 激活函数，函数形式见公式 2-20。

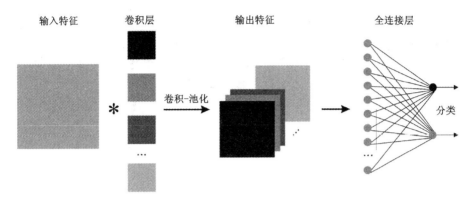

图 2 - 7　卷积神经网络的典型结构(彩图版见附录)

第3章 地质要素成矿相关度的定量分析与应用

3.1 研究区概况

赣南地区在大地构造上位于华夏地块中部,南岭巨型成矿带的东段。赣南地区广泛出露从新元古界至新生界的地层(图 3 - 1),但缺失部分志留系到三叠系的地层,其中震旦系—寒武系和泥盆系地层的钨背景值是地壳克拉克值的几倍乃至几十倍。北东向、北西向和东西向断裂体系构成了本区的基本构造格架。研究区发生了加里东期、海西期、印支期和燕山期四期花岗岩侵入事件(Mao et al.,2013),造成了区内广达 1.4 万 km² 的花岗岩露头,其中燕山期的构造 - 岩浆活动与本区广泛分布的钨矿化密切相关(Wang et al.,2005;毛景文等,2009;Yang et al.,2012)。燕山期花岗岩的岩性主要为黑云母花岗岩、花岗斑岩和花岗闪长岩等(Feng et al.,2011)。石英脉型黑钨矿床是本区的最主要矿床类型,也含少量矽卡岩和云英岩型的矿床(Mao et al.,2007)。本区主要的矿点集中于崇义—大余—上犹、赣县—于都、宁都—兴国和龙南—定南—全南四个矿集区。

本章空间分析所用数据包括矿点分布(点数据)、区域断裂(线要素)、断裂交点(点要素)和燕山期花岗岩(面要素)(图 3 - 2)。这些数据主要来自区域地质图、全国地质资料馆网上公开的国家矿产资源数据库及前人发表的有关赣南区域地质背景的文献(Wang et al.,2005;许建祥等,2008;Mao et al.,2007;Feng et al.,2011;Mao et al.,2013;Yang et al.,2013;Chen et al.,2015)。

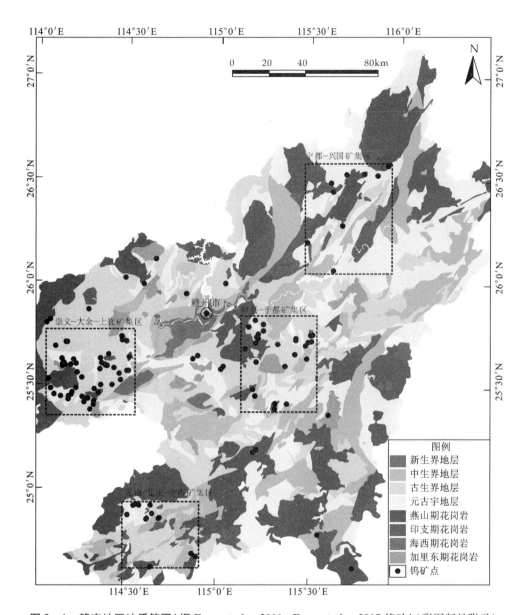

图 3 - 1　赣南地区地质简图(据 Feng et al. , 2011; Fang et al. , 2015 修改) (彩图版见附录)

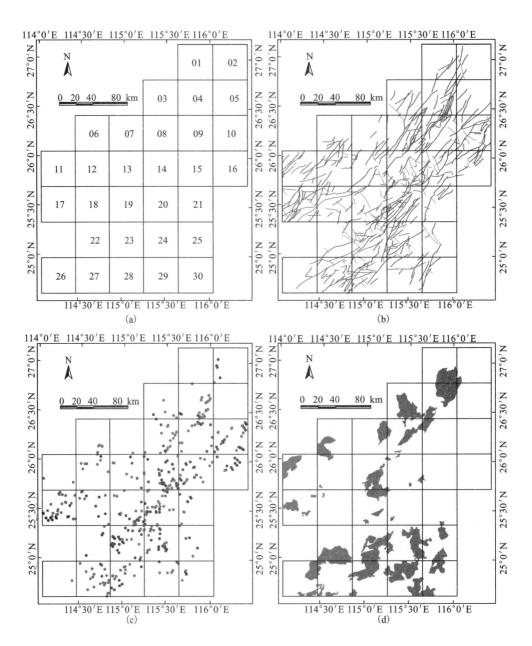

图 3-2 赣南地区地质要素的分区和分布(彩图版见附录)

(a)研究区分区与编号；(b)区域断裂分布，其中 NE—NNE 向断裂标注为红色，EW 向断裂标注为蓝色，NW—NNW 向断裂标注为绿色；(c)断裂交点分布，其中 NE—NNE 向断裂与 EW 向断裂之间的交点标注为红色；(d)燕山期花岗岩分布

3.2　基于分形的地质要素成矿相关度分析

赣南地区的区域构造非常复杂，目前区内已识别的断裂可能是从加里东期到燕山期各构造期的产物，由于缺乏详细的构造期次的研究，这些断裂与成矿的时空关系未明。为了厘清不同方向的断裂在钨矿化过程中起的作用，本章采用距离分布分析来定量评估不同走向的断裂与矿点的相关度。

距离分布分析的结果表明 NE—NNE 向和 EW 向断裂与矿点呈正相关。根据 D 值曲线，在 NE—NNE 向断裂的 600 m 缓冲范围内，具有最高超过正常水平 15% 的矿点分布频率[图 3 - 3(a)]；在 EW 向断裂的 3200 m 缓冲范围内，具有最高超过正常水平 28% 的矿点分布频率[图 3 - 3(b)]，表明了这两种走向的断裂与矿点在空间上高度正相关。而在 NW—NNW 向断裂的 3000 m 缓冲范围内，最高只有超过正常水平 3% 的矿点分布频率[图 3 - 3(c)]，这种接近自然分布频率的特征表明了 NW—NNW 向断裂与钨矿化在空间上是相互独立的，并没有很强的相关性。结合地质认识来看，空间分析的结果是合理的。前人研究表明 NE—NNE 向的断裂可能是在矿区尺度控制矿床形成的燕山成矿期断裂（地质矿产部《南岭项目》构造专题组，1988），而东西向断裂的形成则远早于燕山期，但可能在燕山期被激活，在区域岩浆侵位和成矿热液运移的过程中发挥重要影响（地质矿产部《南岭项目》构造专题组，1988；Xu et al.，2007）。从断裂直接的交切关系看，NW—NNW 向的断裂往往切断 NE—NNE 和 EW 向的断裂，推断 NW—NNW 向的断裂可能是成矿期后构造，因此与成矿事件相互独立，与矿点也不具有显著的空间相关性。因此，根据以上分析和推断，后续的分形和证据权重分析仅研究与成矿相关的 NE—NNE 向和 EW 向断裂，断裂的交点也只统计和研究 NE—NNE 向和 EW 向断裂的交点。

分形分析获得的分维数可以定量表征断裂的复杂程度。区域断裂的盒维数在各子区域内[子区域位置和编号见图 3 - 2(a)]变化较大（表 3 - 1），子区域 20 具有最大的盒维数（1.389），而子区域 25 具有最小的盒维数（0.938）。结合子区域包含的矿点数量（表 3 - 1），可以看出断裂的盒维数与矿点的分布具有很好的相关关系。盒维数最高的三个子区域分别属于赣县—于都矿集区（子区域 20，盒维数 1.389）、崇义—大余—上犹矿集区（子区域 17，盒维数 1.373）和宁都—兴国矿集区(子区域 04,盒维数 1.341),而属于龙南—定南—全南矿集区的子区域 27 也具有全区第六高的盒维数。为了更直观地表现断裂盒维数和矿点之间的空间相关性,根据计算获得盒维数进行空间插值,得到全区断裂盒维数的等值线图(图 3-4)。从该图来看,绝大多数矿点都分布在盒维数大于 1.2 的区域,反映了高分维值区域与矿点密集分布区的良好空间相关性。值得注意的是,位于赣县—于都矿集区范围内的子区域 13 包含了 9 个已知矿点,但其盒维数非常低(1.148)。这种反常的分维值可能是因为该区域缺乏足够的构造露头,因为子区域 13 很大部分属于赣州市区,很难对断裂进行有效地揭露和调查。

区域断裂交点的盒维数的变化范围从 0.134(子区域 10)到 0.468(子区域 04),但并非所有子区域都能计算出盒维数,那些不包含断裂或者包含断裂过少不具有多尺度观测数据的子区域无法计算盒维数,这些区域相应的分维值在表 3-1 中用"—"表示。从计算结果来看,断裂交点的盒维数与矿点分布具有较高的空间相关度,盒维数最高的子区域 04 属于宁都—兴国矿集区,崇义—大余—上犹矿集区内的子区域 17(盒维数 0.36)、龙南—定南—全南矿集区的子区域 27(盒维数 0.313)、赣县—于都矿集区的子区域 19(盒维数 0.273)和子区域 20(盒维数 0.268)的分维值都高居全区前六。在断裂交点盒维数的等值线图中(图 3-5),大部分矿点位于盒维数大于 0.16 的区域内。

从图 3-4 和图 3-5 中可以明显观察到等值线图中存在若干高值的浓集中心,断裂盒维数等值线图中的全部四个浓集中心和断裂交点盒维数等值线图中五个浓集中心中的四个分别对应了本区赣县—于都、崇义—大余—上犹、宁都—兴国和龙南—定南—全南四个矿集区。这种整体特征也表明了具有高构造分维值的区域与矿点分布具有很强的空间相关性。从分形的地质意义上看,断裂和断裂交点的高分维值指示了该区断裂系统的复杂程度较高,岩石中断裂的连通程度和渗透率也相应较高,有利于成矿热液在该区域的流动和汇聚,因此有利于矿床的形成。

燕山期花岗岩的盒维数变化范围为 1.159(子区域 15)至 1.859(子区域 03)。从分形分析结果来看,燕山期花岗岩的盒维数与矿点分布的关联很弱,含较高矿点密度的子区域 13、17、19、20、27 都只具有中等大小的盒维数。花岗岩盒维数等值线图(图 3-6)也未出现高值的浓集中心,矿点相对无规律地分布在高低不等的各个盒维数区间内。说明燕山期花岗岩的盒维数并不指示矿点的分布规律。

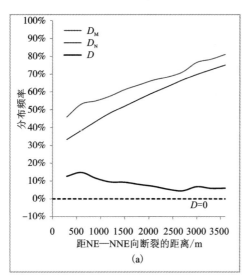

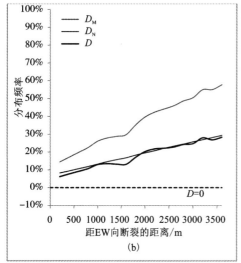

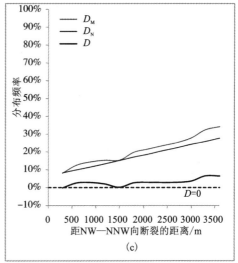

图 3-3 赣南地区断裂的距离分布分析结果(彩图版见附录)

(a)NE—NNE 向断裂;(b)EW 向断裂;(c)NW—NNW 向断裂;

其中 D_M:矿点分布频率;D_N:非矿点分布频率;$D = D_M - D_N$

表 3 – 1 赣南地区地质要素的盒维数统计表

子区域编号	断裂		断裂交点		燕山期花岗岩		钨矿点数/个
	盒维数	拟合系数	盒维数	拟合系数	盒维数	拟合系数	
01	1.150	0.9991	—	—	1.846	0.9993	0
02	1.074	0.9951	—	—	1.476	0.9915	0
03	1.188	0.9939	—	—	1.859	0.9999	2
04	1.341	0.9938	0.468	0.9164	1.799	0.9988	4
05	1.110	0.9940	—	—	1.521	0.9971	0
06	1.230	0.9989	0.293	0.9852	1.712	0.9985	1
07	1.002	0.9943	—	—	1.682	0.9967	0
08	1.338	0.9980	0.249	0.9683	1.545	0.9976	2
09	1.326	0.9998	0.190	0.9212	1.729	0.9976	1
10	1.292	0.9996	0.134	0.8369	–	–	0
11	1.259	0.9998	—	—	1.769	0.9994	6
12	1.194	0.9997	0.149	0.8895	1.553	0.9984	6
13	1.148	0.9996	0.151	0.8435	1.737	0.9993	9
14	1.221	0.9997	0.245	0.9560	1.322	0.9930	7
15	1.233	0.9992	—	—	1.159	0.9636	0
16	1.237	1.0000	—	—	—	—	0
17	1.373	0.9993	0.360	0.8976	1.602	0.9982	41
18	1.138	0.9995	—	—	1.429	0.9950	5
19	1.209	0.9996	0.273	0.6807	1.639	0.9981	8
20	1.389	0.9991	0.268	0.8691	1.240	0.9848	8
21	1.164	0.9996	—	—	1.364	0.9547	0
22	0.969	0.9915	—	—	1.847	0.9996	0
23	1.274	0.9983	—	—	1.786	0.9996	2
24	1.292	0.9987	0.216	0.8553	1.719	0.9984	0
25	0.938	0.9977	—	—	1.633	0.9987	0
26	1.031	0.9964	—	—	1.739	0.9977	0
27	1.319	0.9998	0.313	0.9063	1.601	0.9958	12
28	1.276	0.9998	0.225	0.8815	1.749	0.9994	2
29	1.106	0.9970	0.151	0.8435	1.814	0.9998	1
30	1.175	0.9990	—	—	1.668	0.9981	1

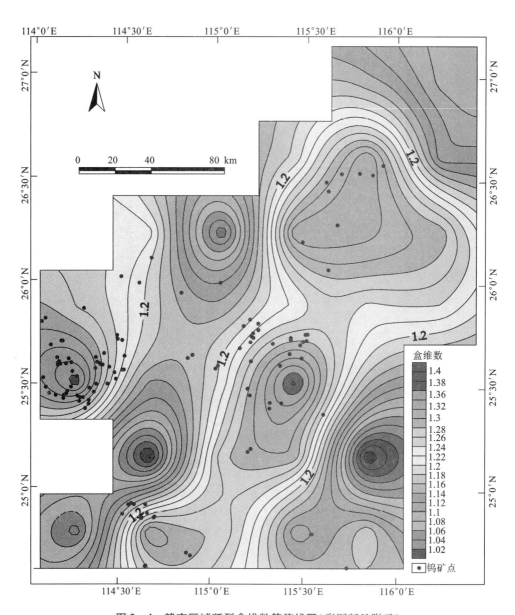

图 3 − 4　赣南区域断裂盒维数等值线图（彩图版见附录）

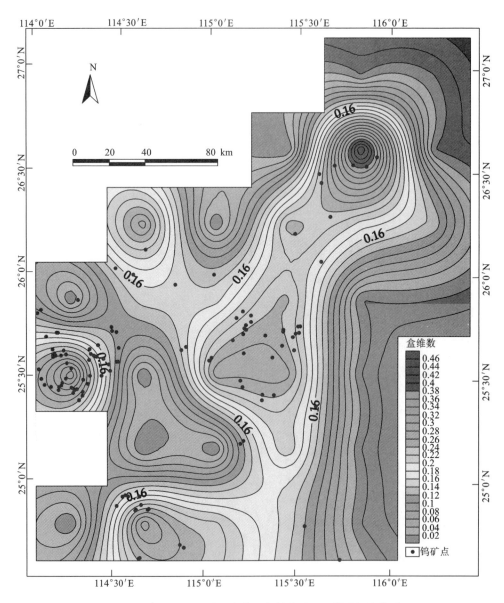

图 3-5　赣南区域断裂交点盒维数等值线图(彩图版见附录)

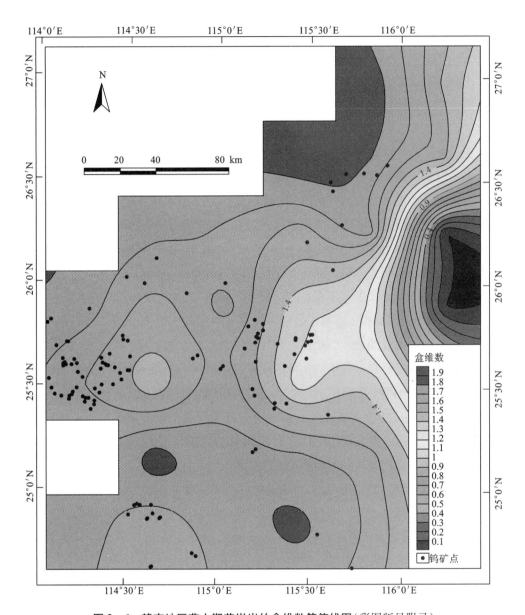

图 3 - 6　赣南地区燕山期花岗岩的盒维数等值线图(彩图版见附录)

3.3 基于证据权重法的地质要素成矿相关度分析

上节通过分形盒维数与矿点分布的关系揭示了地质要素的成矿相关度,但以上分析主要通过定性比较的方法获得相关结论,为了更精确地衡量和比较这些要素与矿点的空间联系,以下采用证据权重法定量计算各要素相对于矿点分布的证据权重,更好地解释地质要素的成矿相关度。

在进行证据权法分析之前,需要确定方法实施的缓冲范围。因为证据权重法本质上属于基于缓冲的空间分析方法,缓冲范围对于分析结果影响较大,不加限制的缓冲范围可能高估某些次要控矿因素的权重。本书采用了矿点多段分形的分析结果来确定最佳的缓冲距离。如图 3 – 7 所示,本区矿点的 $N(r) - r$ 双对数投影点必须用两段直线来拟合,两段拟合直线的分界点对应 $r = 3723$ m。这表明了矿点的分形特征受到尺度范围的限制,即第一条拟合直线反映了较小尺度(0 ~ 3723 m)范围的分形特征,而第二条拟合直线反映了较大尺度(>3723 m)范围的分形特征。由于矿点的分形特征是由非线性的成矿过程造就的,因此双线段双对数分形图解反映了研究区在不同范围的成矿控制机制可能是不同的。可以将矿点周围 3723 m 的范围作为局部(矿区)尺度的成矿研究范围,而离矿点距离大于 3723 m 的区域则应作为区域尺度的成矿研究范围。由于局部要素对矿床形成具有直接的控制作用,本次研究近似取 3500 m 作为证据权重法的缓冲距离的上限,研究地质要素与矿点分布的空间相关程度。

NE—NNE 向和 EW 向断裂的 C 值随缓冲距离的增加而增大,在 3500 m 的缓冲距离时达到最高(2.707),而 C_s 值一直在 7 的高值上下波动[图 3 – 8(a)]。不管 C 值还是 C_s 值都大于判断阈值(0.5 和 1.96),反映了 NE—NNE 向和 EW 向断裂与矿点分布空间相关度很高。断裂交点也显示了和矿点的良好相关性[图 3 – 8(b)],在 3500 m 的缓冲距离时达到了最高的 C 值(1.564)和 C_s 值(8.127)。以上证据权重法的分析结果与分形分析结果吻合,都说明了 NE—NNE 向和 EW 向的断裂及其交点与矿点的高度正相关关系。

燕山期花岗岩在 3500 m 的最佳缓冲距离达到了最高的 C 值(2.117),同时 C_s 值高达 9.420[图 3 – 8(c)],表明了燕山期花岗岩与矿点较高的空间相关度。值得注意的是,分形分析的结果表明燕山期花岗岩与矿点分布的相关度很弱,与

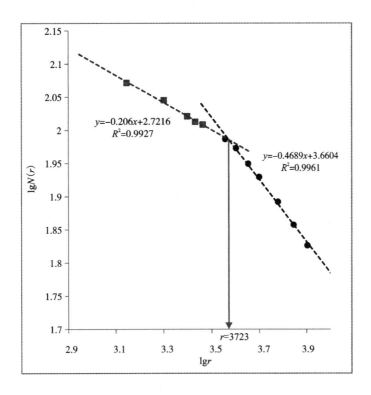

图 3-7 赣南钨矿点的数盒子法分形分析结果

其中 r：盒子尺寸；$N(r)$：包含矿点的盒子数

证据权重分析的结果相悖。这可能是由于数盒子法的分形分析对于花岗岩的出露程度敏感度高，只有具有地表露头的区域才会统计在数盒子法中，而那些具有隐伏花岗岩的区域也有可能具备有利的成矿条件，但无法反映在分形分析结果中。在证据权法中，缓冲区外延了花岗岩露头的影响范围，在一定程度上减轻了隐伏花岗岩缺失带来的负面效应。由于前人的大量研究都表明了花岗岩在本区钨矿化中的关键控制作用（Wang et al.，2005；Mao et al.，2007；Feng et al.，2011；Yang et al.，2012），后续研究中仅采用证据权法反映的花岗岩与矿点的空间相关度。

　　为了评估隐伏花岗岩对矿点分布可能存在的制约作用，本次研究引入了区域磁异常作为指示隐伏花岗岩的特征要素（江西省地质矿产勘查开发局，2002）[图 3-9(a)]。从证据权重缓冲分析的结果来看[图 3-8(d)]，磁异常与矿点分布存在正相关关系，C 值在 3000 m 的缓冲距离时达到峰值（1.243），同时远大于

1.96 的 C_s 值(6.109)也表明 C 值反映的空间关系具有显著的统计意义。

区域地球化学异常是评估成矿潜力的重要特征,本次研究选取了钨、铁、锰三种元素作为钨矿化的指示元素(图 3-9,数据来源:陈希清和付建明,2012),因为本区主要的矿石矿物为黑钨矿,而这三种元素是组成黑钨矿(包括钨铁矿和钨锰矿)的主要元素。长期以来,铁异常和锰异常在本区的成矿预测中一直被忽略,目前已有的观点多认为黑钨矿中的铁异常和锰来自岩浆热液,因此围岩中的铁和锰异常对找矿勘查无指示作用。但最近发表在 *Geology* 的权威研究表明黑钨矿中的铁和锰很可能来自围岩(Lecumberri - Sanchez et al., 2017),空间分析结果可以为这一研究提供直观的证据。证据权重缓冲分析的结果表明钨异常与矿点分布之间存在最强的空间相关度,在 1000 m 的最佳缓冲距离时达到了最高 4.638 的 C 值,同时 9.101 的 C_s 值也远高于 1.96[图 3-8(e)]。锰异常也表现出与矿点分布的高相关度,在 3000 m 的缓冲距离时有最高为 2.194 的 C 值,C_s 值也高达 9.03 [图 3-8(g)]。相比之下,铁异常与钨矿化的空间相关度较差,在 1500 m 的最佳缓冲距离时 C 值仅为 0.656,稍高于 0.5 的阈值,C_s 值也仅为 3.284[图 3-8(f)]。从结果来看,锰异常与矿点分布的相关度仅次于钨异常和区域断裂,高于燕山期花岗岩和磁异常,说明了围岩中的高锰异常确实制约了矿床的形成和分布,铁异常与矿点分布的弱关联可能是因为本区的黑钨矿中钨铁矿($FeWO_4$)占比少于钨锰矿($MnWO_4$)。

综合以上结果和分析(图 3-8、表 3-2),可得出研究区各地质要素与矿点分布相关性的强弱排序为:钨异常>区域断裂>锰异常>燕山期花岗岩>断裂交点>磁异常>铁异常。以上地质要素的 C 值和 C_s 都大于具有统计意义的阈值,因此都可以作为证据层参与对区域成矿潜力的评估,根据各要素在最佳缓冲距离处的权重值,综合计算出预测单元的成矿概率。

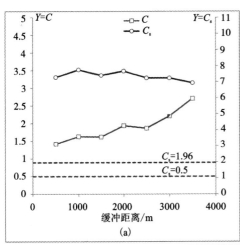

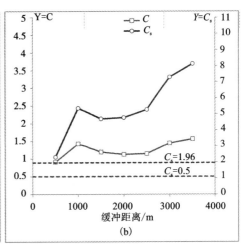

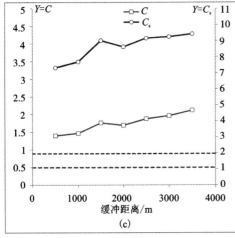

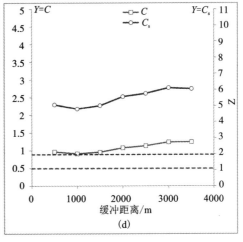

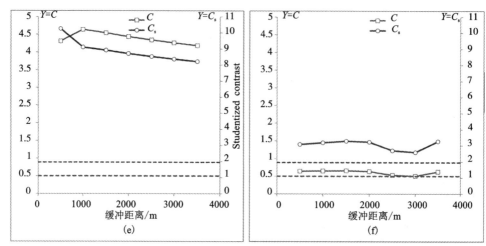

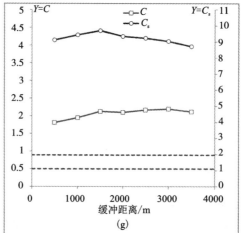

图 3-8 赣南地区各地质要素的证据权重分析结果(彩图版见附录)

(a)区域断裂;(b)区域断裂交点;(c)燕山期花岗岩;(d)磁异常;

(e)钨异常;(f)铁异常;(g)锰异常

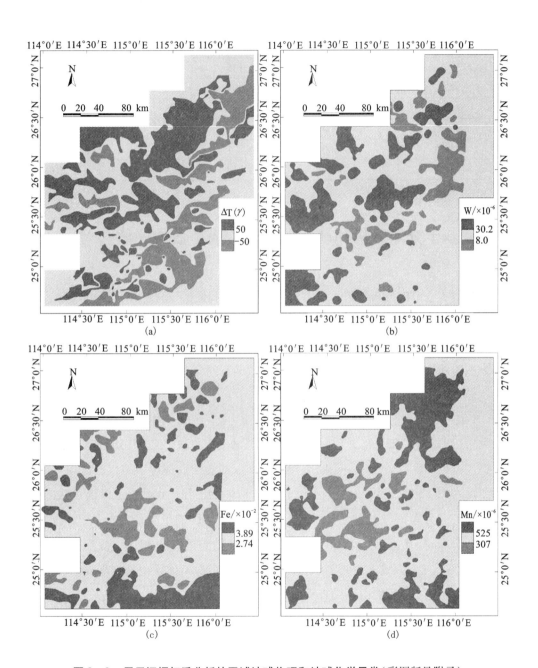

图 3 - 9　用于证据权重分析的区域地球物理和地球化学异常(彩图版见附录)

(a)磁异常;(b)钨异常;(c)铁异常;(d)锰异常

表 3-2　赣南地区地质要素证据权重缓冲分析结果

地质要素	最佳缓冲距离/m	W^+	W^-	C	C_s
区域断裂	3500	0.632	-2.075	2.707	6.928
断裂交点	3500	1.135	-0.429	1.564	8.127
燕山期花岗岩	3500	0.998	-1.120	2.117	9.420
磁异常	3000	0.587	-0.655	1.243	6.109
钨异常	1000	1.545	-3.093	4.638	9.101
铁异常	1500	0.471	-0.185	0.656	3.284
锰异常	3000	0.919	-1.274	2.194	9.030

3.4　基于分形分析和证据权重法的成矿潜力评估

从以上各节的分析结果可以看出，分形分析和证据权缓冲分析都可以指示地质要素与矿点分布的相关度的强弱，根据地质要素的分形和证据权重分析结果也就可以在一定程度上评估区域的成矿潜力。因此，本次研究的成矿预测图综合了证据权重法输出的成矿概率图和分形盒维数的空间分布(图 3-10)，将研究区分为三级成矿远景区。

Ⅰ级远景区：证据权重法输出的高成矿潜力区(图 3-10 中洋红色区域)与构造要素(包括断裂和断裂交点)的高盒维数区域的交集被定义为Ⅰ级远景区，其中构造要素的高盒维数区域是指断裂和断裂交点的盒维数都排序前六的区域。Ⅰ级远景区在图 3-10 中用网格线标出，有 58.82% 的已知矿点落在Ⅰ级远景区内及周边，矿点分布密度达到了 0.0325 个/km²，而本区的平均矿点分布密度仅为 0.0025个/km²。Ⅰ级远景区可以作为未来钨矿勘查的重点靶区，特别是Ⅰ-4、Ⅰ-5 和Ⅰ-7 三个区域，这些地区在本次研究的空间分析体系中具有高成矿概率和高构造分维值，但可能由于勘查程度不够目前还未发现矿点。

Ⅱ级远景区：证据权重法输出的其他高成矿潜力区被定义为Ⅱ级远景区，这些区域不具有高构造分维值，但在证据权重分析中具有较高的成矿有利度。21.01% 的已知矿点位于这一级远景区，矿点分布密度 0.0078 个/km²，为平均值的 3 倍。Ⅱ级远景区具有一定的成矿潜力，可以作为未来重点勘查靶区之外的备选区域。

Ⅲ级远景区：证据权重法输出的具有中等至低级成矿潜力的区域被定义为Ⅲ级远景区，其中 16.81% 的已知矿点落于中等成矿潜力区域，矿点分布密度仅为 0.0016 个/km²，3.36% 的已知矿点落在面积广大的低级成矿潜力区。Ⅲ级远景区成矿潜力低，不作为未来找矿勘查的调查范围。

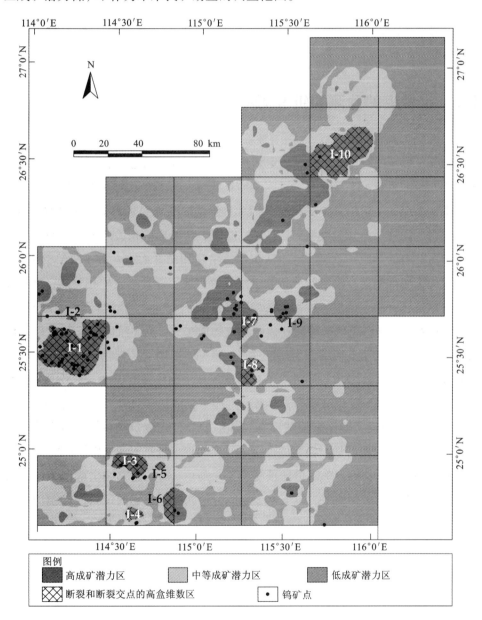

图 3−10　基于分形分析和证据权重分析的成矿预测图(彩图版见附录)

第4章　定量成矿预测的研究与应用

4.1　定量成矿预测的研究思路

　　与其他领域的空间预测相比，定量成矿预测的难点在于：（1）成矿系统是一个极端复杂的系统，涉及巨大的时间和空间尺度；（2）由于勘查成本昂贵，反映复杂成矿系统的地学信息相对稀缺。因此，要获取准确而可靠的成矿预测结果，不仅要采用预测能力强的模型算法、尽可能多地搜集成矿相关的地学信息，最关键是要将已有的对成矿系统的地质认识与算法应用结合起来。为了做到这一点，本章首先采用类似上章的空间分析方法定量解析地质要素的成矿相关度，再结合前人文献中已有的理论成矿模型，在尽可能搜集研究区多源地学信息的基础上，进行成矿系统分析，获取最能反映成矿系统物质来源、成矿流体运移和汇聚及矿质沉淀过程的勘查信息图层作为模型输入。其后，采用支持向量机、人工神经网络和随机森林三种本领域应用最广的机器学习算法构建预测模型，模型训练过程重点关注其稳健性，避免过拟合，本书一方面单独隔离验证集用于验证模型，另一方面采用10折交叉验证来评估训练过程中的模型精度。随后，采用多种验证手段验证训练出的机器学习模型的分类和预测精度，包括混淆矩阵、*ROC* 曲线和成功率曲线，在此基础上确定最佳预测模型。最后，输入研究区全部预测单元信息，获取最终的成矿预测图。以上基于空间分析和机器学习的定量成矿预测的流程图见图 4 - 1。

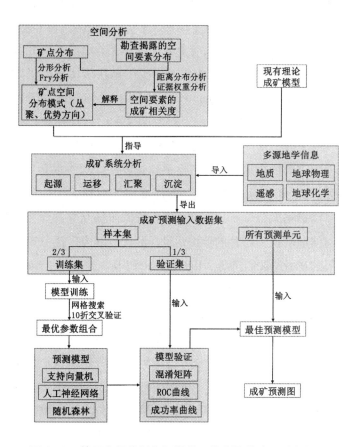

图 4 - 1　基于空间分析和机器学习的定量成矿预测流程图

4.2　研究区概况

长江中下游成矿带是我国重要的成矿带之一，该成矿带在大地构造位置上处于扬子克拉通北缘，毗邻华北克拉通和秦岭—大别山造山带[图 4 - 2(a)]。铜陵矿集区是组成长江中下游铜 - 金 - 铁成矿带的七大矿集区之一，位于该成矿带的中部[图 4 - 2(a)]。

铜陵地区的地质演化可以分为四个阶段。第一阶段是晋宁运动(850 Ma ~ 800 Ma)之前变质基底的形成，该基底在铜陵地区无露头，根据邻区资料推测，该

基底具有双层结构,包括上部的浅变质岩和下部的深变质结晶片麻岩(Du, 2013;
Li et al., 2017)。第二阶段开始于晋宁运动之后,印支运动(约 195 Ma)之前,在
此阶段,整个下扬子地区逐渐演变成一个多岛洋体系,形成了研究区主要的沉积
序列(常印佛等, 1991);同时,华夏地块和下扬子地块缓慢地向华北克拉通移动
并接触,引发了数次轻微的碰撞(Deng et al., 2004),与碰撞开闭效应相关的垂
直运动造成了该阶段地层中数个平行不整合(表 4 - 1)。第三阶段开始于三叠纪
的末期,在这一时期扬子克拉通与华北克拉通全面接触碰撞(印支造山运动),形
成了研究区一系列重要的构造,包括三叠系和侏罗系地层中的角度不整合、主要
褶皱体系和断裂(Pan 和 Dong, 1999;Deng et al., 2004),因此,印支运动造就了
铜陵地区的主要构造格架(Hu et al., 2017)。第四阶段从早白垩世开始,研究区
经历了以挤压向伸展转换为特色的燕山运动,形成了区内广泛分布的中酸性侵入
岩体和与之相关的矿化(常印佛等, 1991;Pan 和 Dong, 1999;Xie et al., 2012;
Zhou et al., 2015;Liu et al., 2016)。

铜陵地区出露大量的海相沉积岩,其中一些地层岩性与铜矿化密切相关,
如石炭系碳酸盐岩、二叠系灰岩和三叠系碳酸盐岩(Xie et al., 2012)。区内最
显著构造是一系列 NE 向 S 形褶皱[图 4 - 2(b)],其次为 NE—NNE 向和 NW—
NNW 向为主的盖层构造(Liu et al., 2005b),区域地球物理资料指示了 EW 向
和 NS 向的基底断裂的存在(刘文灿等, 1996;吕庆田等, 2003;Tang et al.,
2013)。区内共出露 76 个岩体,主要沿着 EW 向的铜陵—沙滩角岩浆断裂带分
布,占整个研究区 10% 的面积(Pan 和 Dong, 1999)。这些岩体的岩性主要为花
岗闪长岩、石英二长岩和辉石二长岩(Deng et al., 2006;Liu et al., 2014),锆
石 U - Pb 定年结果(吴才来等, 2010;Xie et al., 2018)指示了这些岩体都形成
于早白垩世(147 Ma ~ 136 Ma)。

铜陵矿集区内分布了数十个铜多金属矿床,主要聚集于铜官山、狮子山、新
桥、凤凰山和沙滩角五个矿集区,矿石量超过 500 Mt(Wu et al., 2014)。层控矽
卡岩矿床是研究区内主要的矿床类型,贡献了绝大部分的铜储量。如冬瓜山铜矿
矿石量约 100 Mt,平均铜品位 1.01%(Liu et al., 2010);新桥矿床矿石量约 70
Mt,平均铜品位 0.71%(Zhang et al., 2017a)。在这些层控矽卡岩矿床中,层状
矿体赋存于从泥盆系到三叠系的地层中,其中石炭系黄龙—船山组中的矿体贡献
了全区约 55% 的铜储量(孟贵祥, 2006)。除了地层因素外,层控矽卡岩矿床在空
间上与中酸性岩体密切相关(常印佛和刘学圭, 1983;常印佛等, 1991;Pan 和

Dong，1999）。铜陵地区层控矽卡岩矿床的成因一直存在争议，部分学者认为这些矿床为 SEDEX 成因，石炭系地层中的层状矿体是晚古生代喷流沉积系统的产物（顾连兴和徐克勤，1986；李红阳等，2004；徐文艺等，2004）；另一部分学者则认为层控矽卡岩矿床在成因上与侏罗纪—白垩纪的岩浆热液活动密切相关，属于典型的后生岩浆热液矿床（Pan 和 Dong，1999；毛景文等，2009；Zhang et al.，2017b；Liu et al.，2014，2018b）。最近的地质年代学研究成果证明了层控矿体与矿体周边的白垩纪岩体基本同时形成（毛景文等，2004；Li et al.，2014；Liu et al.，2018b），支持这些矿床为后生成因的观点。在研究区现有的岩浆–热液成因模型里，层控矿体是岩浆热液与碳酸盐岩围岩逐步反应的结果，这种流体–岩石反应主要发生在层间构造带中，因此形成的矿体具有层控的特点（Pan 和 Dong，1999；毛景文等，2009；Du et al.，2015）。Pan 和 Dong（1999）将这些矿床归为一个统一的大型热液成矿系统的一部分，这个成矿系统包括岩体接触带附近产出的矽卡岩型矿床和岩体内产出的斑岩型矿床。本区主导的矿床类型为矽卡岩型矿床可归因为区内广泛分布的石炭系至白垩系的碳酸盐岩，少量的斑岩型矿体产出于一些矽卡岩矿床的深部。

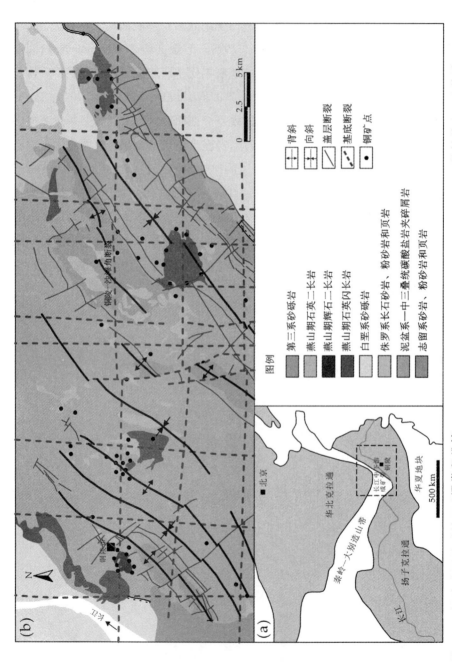

图4-2 铜陵地区地质简图（据常印佛等，1991；Deng et al.，2006；Wang et al.，2011；杜轶伦，2013修改）（彩图版见附录）

（a）研究区大地构造位置；（b）研究区岩性、构造、岩浆岩和矿产分布

表 4 - 1　铜陵地区及邻区地层表(据 Liu et al. , 2010; 杜轶伦, 2013 修改)

年代地层	组	代号	岩性	构造运动
上白垩统	宣南组	K_2x	砾岩、砂岩	燕山运动
中侏罗统	罗岭组	J_2l	长石砂岩、粉砂岩、页岩	(约 135 Ma)
下侏罗统	磨山组	J_1m	长石砂岩、泥页岩、砾岩	印支运动
中三叠统	铜头尖组	T_2t	泥质粉砂岩、粉砂质页岩	(约 195 Ma)
	月山组	T_2y	灰岩、白云岩、粉砂岩	
下三叠统	南陵湖组	T_1n	灰岩	
	和龙山组	T_1h	灰岩夹钙质泥岩	
	殷坑组	T_1y	灰岩夹泥页岩	
上二叠统	大隆组	P_2d	硅质页岩夹泥晶灰岩	
	龙潭组	P_2l	细砂岩、粉砂岩夹煤层	
下二叠统	孤峰组	P_1g	硅质岩、硅质页岩	
	栖霞组	P_1q	生物碎屑灰岩、炭质页岩	
上石炭统	船山组	C_2c	球状灰岩、生物碎屑灰岩	
	黄龙组	C_2h	生物碎屑灰岩、白云岩	
上泥盆统	五通组	D_3w	石英砂岩	
中志留统	坟头组	S_2f	石英砂岩、粉砂岩、泥质页岩	
下志留统	高家边组	S_1g	炭质页岩	
上奥陶统	五峰组	O_3w	硅质页岩	
	汤头组	O_3t	炭质页岩、灰岩	
中奥陶统	汤山组	O_2t	灰岩、板岩	
下奥陶统	仑山组	O_1l	灰岩、白云岩	
寒武系	黄家榜组	ϵ	灰岩	
前寒武系	董岭群	Pt_3d	片岩、片麻岩	晋宁运动 (850 Ma ~ 800 Ma)

虚线代表平行不整合; 波浪线代表角度不整合

4.3 矿化分布模式与控矿因素空间分析

4.3.1 矿点的空间分布模式

数盒子法结果显示铜陵地区铜矿点的分布表现出双分形的结构，即在双对数图中盒子尺寸－盒子数的投影点需要用两段直线才能拟合，由此可得到两个盒维数[图4-3(a)]：当盒子尺寸小于等于1.6 km时，盒维数为0.2468；当盒子尺寸大于1.6 km时，盒维数为0.75。为了对比验证，本次研究还采用了半径－密度分形分析，结果显示需要三段直线拟合缓冲半径－矿点密度的投影点，指示了三个半径－密度分形维数[图4-3(b)]：半径小于等于1.5 km时，分形维数为0.796；半径在1.5 km和4.5 km之间时，分形维数为1.1722；当半径大于4.5 km时，分形维数为0.8092。不管是数盒子法还是半径－密度法，双对数图上的每段拟合直线都表示了测量尺度和测量值之间的一段幂律关系，指示了一段由非线性过程引起的无标度区。因此，在本研究中，多拟合线段指示的矿点分布的多分形模式可以被解释为不同的控矿机制作用在不同的尺度上，引起了多段无标度的观测区间。此外，尽管数盒子法和半径－密度法产生了不同的分形维数，但两种方法的分析结果都指示了大约1.5 km的尺度大小是头两段拟合直线的分界，表明了矿点分布在1.5 km之内和超过1.5 km这两种研究尺度下具有截然不同的空间结构。半径－密度分析结果还显示了第二条和第三条拟合直线相交于半径为4.5 km的投影点，指示了4.5 km可能是不同分形结构的第二个分界点。数盒子法的分析结果无法说明是否存在4.5 km的分形分界点，因为盒子尺寸大于4.5 km时已无法产生足够多的盒子用于有效统计包含矿点的盒子数。

矿点分布分形分析的结果表明了不同的控矿机制存在于不同的研究尺度，如区域、矿田和矿床尺度，但是分形分析无法指明这种随尺度变化的控矿因素具体是什么，因此本研究采用了Fry分析进一步揭示研究区控矿因素的作用机制。

在Fry分析的过程中，由63个矿点生成了3906个Fry点(图4-4(a))，采用玫瑰花图对Fry点进行统计分析，并根据分形分析的结果对不同尺度范围的Fry点分别统计。结果表明所有的Fry点表现出单一的EW向的优势方向(图4-4(b))，说明矿点在整个区域范围内显著地受EW向地质要素控制。在更小的尺度范围内，Fry 点则表现出不同的趋势方向：小于 4.5 km 的 Fry 点显示出 NNE 向的优势方向，其次为 NE 向和 EW 向（图 4 - 4（c））；小于 1.5 km 的 Fry 点则表现出主要的 NE—NNE 优势方向，次要趋势方向为 EW 和 NS 向［图 4 - 4（d）］。

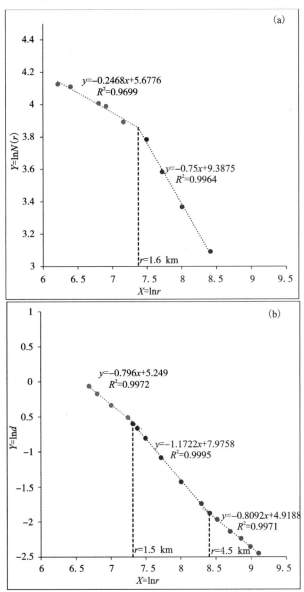

图 4 - 3　矿点分布的分形分析结果

（a）数盒子法，其中 r 为盒子尺寸，$N(r)$ 为包含矿点的盒子数；

（b）半径 - 密度法，其中 r 为缓冲圆半径，d 为缓冲圆内矿点的密度

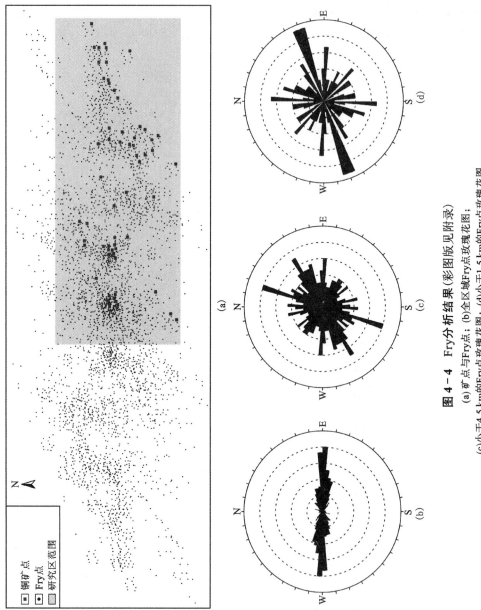

图 4 - 4 Fry分析结果（彩图版见附录）

(a) 矿点与Fry点；(b)全区域Fry点玫瑰花图；

(c)小于4.5 km的Fry点玫瑰花图；(d)小于1.5 km的Fry点玫瑰花图

Fry 分析的结果揭示了研究区不同尺度范围矿点分布的优势方向，这些优势方向可能与特定的控矿要素相关联，但是 Fry 分析本身无法指明具体的关联要素，比如，局部 NE 向的控矿方向可能与 NE 向的 S 形褶皱有关，也可能与区域 NE 向的断裂有关。要将 Fry 揭示的方向性矿点分布特征与具体的地质要素一一对应，需要进行更深入的地质要素成矿相关度的研究。

4.3.2　地质要素的成矿相关度分析

根据研究区已有的地质认识(常印佛等，1991；Pan 和 Dong，1999；Wu et al.，2003；Wang et al.，2011)，岩浆岩和构造要素是控制矽卡岩型铜矿床形成和分布的主要控矿要素。考虑到岩体与碳酸盐岩地层的接触边界在矽卡岩型矿床形成过程中意义重大，我们提取了该类边界代表岩浆岩要素。距离分布分析的结果表明岩体边界对矿点分布具有非常强的制约作用(图 4 - 5)，在岩体边界 350 m 的缓冲范围内，具有最高超过正常水平 55% 的矿点分布频率，D_M 曲线位于 uc 曲线上方证明了岩体边界与矿点间的高度空间正相关性具有显著的统计意义。证据权重分析结果显示岩体边界要素具有极高的 C 值(3.04)和 C_s 值(8.03)，也表明了岩体边界与铜矿化的强空间相关性。

构造要素与矿点的关联比较复杂，研究区多期次的构造运动造就了多样式的构造要素，我们按方向对这些构造进行分类，综合距离分布分析和证据权重法定量评估它们与矿点间的空间相关度。

EW 向基底断裂与铜矿点呈现出较强的正相关关系。根据距离分布分析结果(图 4 -6)，在 1.5 km 的缓冲距离内，EW 向断裂具有最高超过正常水平 21% 的矿点分布频率，D_M 曲线在此范围内一直位于 uc 曲线上方[图 4 -6(b)]，表明了缓冲分析反映的空间相关度具有显著的统计意义。

NS 向基底断裂呈现出与矿点很弱的正相关关系。在缓冲距离大于 1 km 时，NS 向断裂仅有最高超过正常水平 2% 的矿点分布频率，但 D_M 曲线全程小于 uc 曲线，表明缓冲分析反映的这种弱相关关系不具有显著的统计意义(图 4 -7)。

EW 向和 NS 向断裂的交点在一定的缓冲距离内呈现出了与矿点具有显著统计意义的正相关关系。在 2 km 至 3 km 的缓冲范围内，基底断裂交点具有最高超过正常水平 23% 的矿点分布频率，在该范围内 D_M 曲线位于 uc 曲线之上(图 4 -8)。

褶皱轴线在 1.5 km 至 3 km 的缓冲范围内表现出与矿点的正相关关系，在此缓冲距离内褶皱轴线具有最高超过正常水平 22% 的矿点分布频率，且 D_M 曲线位于 uc 曲线上方(图 4 - 9)。

盖层断裂要素(包括 NE 向和 NW 向断裂以及它们的交点)表现出与铜矿点的正相关关系,在相应的缓冲距离内,分别具有最高超过正常水平 11%(NE 向断裂)、10%(NW 向断裂)和 9%(断裂交点)的矿点分布频率(图 4 - 10、图 4 - 11、图 4 - 12)。但是,以上盖层构造要素与矿点的空间关系都不具有显著的统计意义,在相应缓冲范围内,D_M 曲线都位于 uc 曲线下方[图 4 - 10(b)、图 4 - 11(b)、4 - 12(b)]。

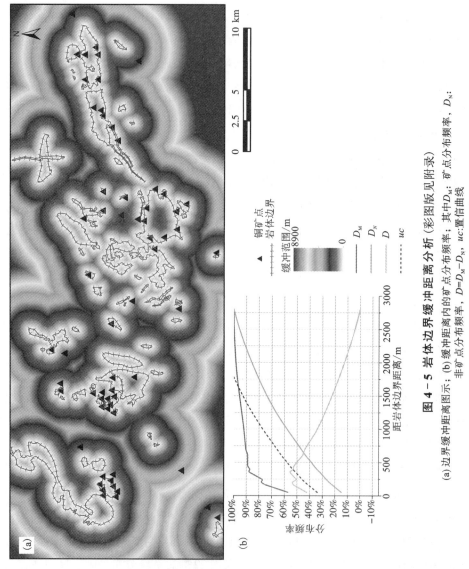

图 4 - 5 岩体边界缓冲距离分析(彩图版见附录)

(a)边界缓冲距离图示;(b)缓冲距离内的矿点分布频率;其中 D_M:矿点分布频率,D_N:非矿点分布频率,$D=D_M-D_N$,uc:置信曲线

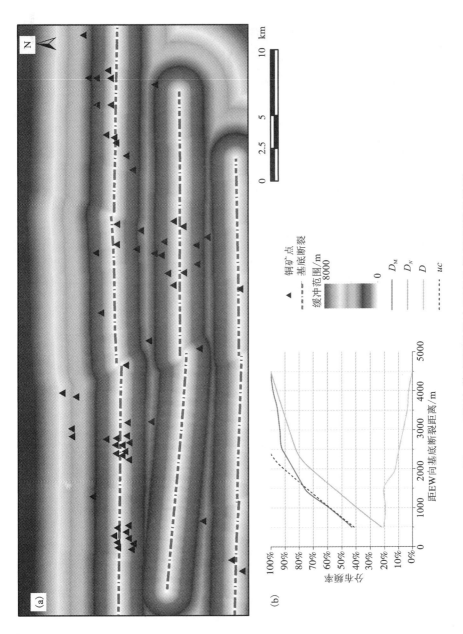

图 4 - 6 EW 向基底断裂缓冲距离分析 (彩图版见附录)

(a) 断裂缓冲距离图示; (b) 缓冲距离内的矿点分布频率; 其中 D_M: 矿点分布频率, D_N: 非矿点分布频率, $D = D_M - D_N$, uc: 置信曲线

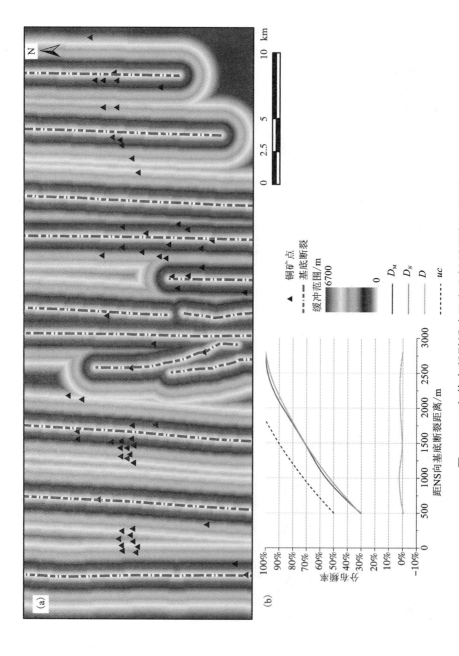

图 4 − 7 NS向基底断裂缓冲距离分析（彩图版见附录）

(a) 断裂缓冲距离图示；(b) 缓冲距离内的矿点分布频率；其中D_M：矿点分布频率，D_N：非矿点分布频率，$D=D_M-D_N$，uc：置信曲线

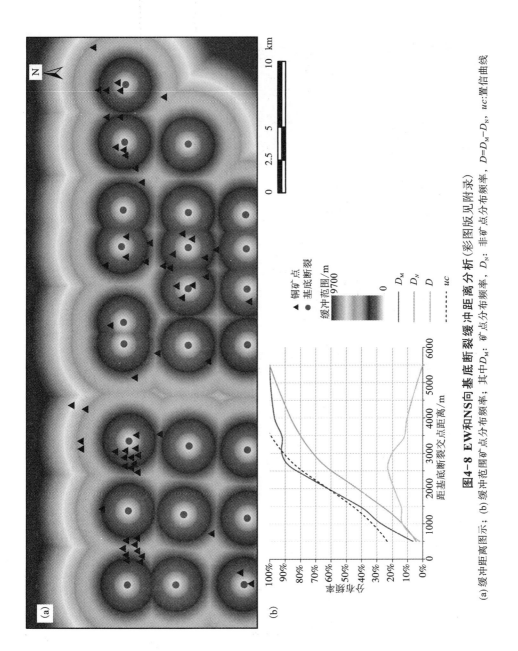

图4-8 EW和NS向基底断裂缓冲距离分析（彩图版见附录）

(a) 缓冲距离图示；(b) 缓冲范围内矿点分布频率；其中D_M：矿点分布频率，D_N：非矿点分布频率，$D=D_M-D_N$，uc：置信曲线

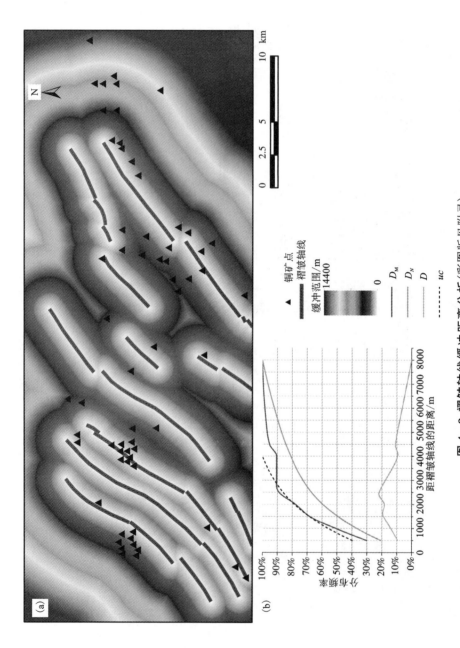

图 4 - 9 褶皱轴线缓冲距离分析（彩图版见附录）

(a) 褶皱轴线缓冲距离图示；(b) 缓冲距离内的矿点分布频率；其中D_M：矿点点分布频率，D_N：非矿点点分布频率，$D=D_M-D_N$，uc：置信曲线

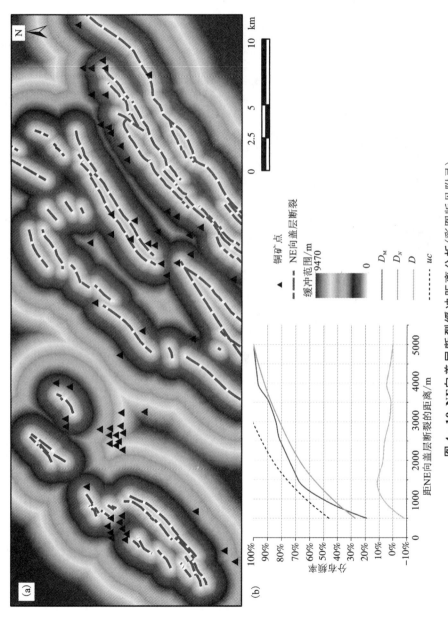

图 4 – 10 NE 向盖层断裂缓冲距离分析 (彩图版见附录)

(a) 断裂缓冲距离图示；(b) 缓冲距离内的矿点分布频率；其中 D_M：矿点分布频率，D_N：非矿点分布频率，$D=D_M-D_N$，uc：置信曲线

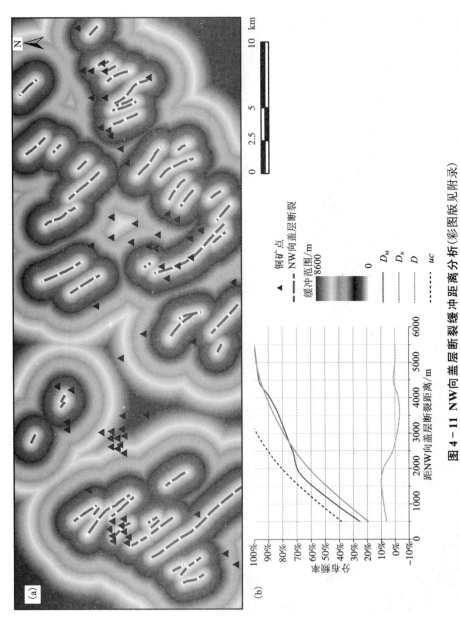

图 4 - 11 NW向盖层断裂缓冲距离分析(彩图版见附录)

(a) 断裂缓冲距离图示；(b) 缓冲距离内的矿点分布频率；其中D_M: 矿点分布频率，D_N: 非矿点分布频率，$D=D_M-D_N$，uc:置信曲线

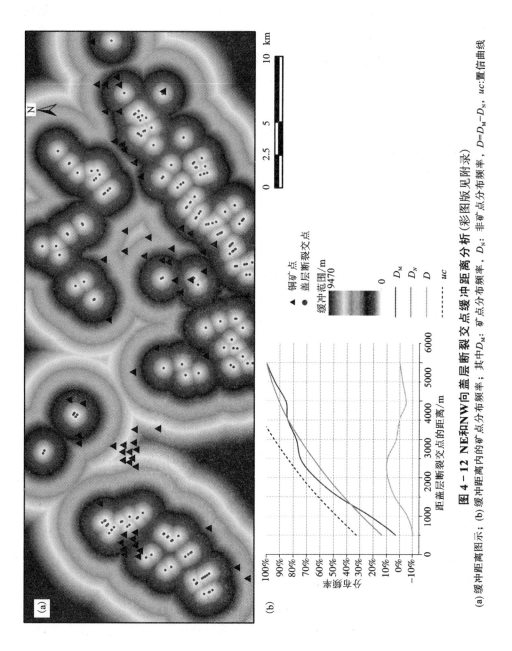

图 4 - 12　NE 和 NW 向盖层断裂交点缓冲距离分析（彩图版见附录）

(a) 缓冲距离图示；(b) 缓冲距离内的矿点分布频率；其中 D_M：矿点分布频率，D_N：非矿点点分布频率，$D=D_M-D_N$，uc：置信曲线

构造要素的证据权重分析结果如表 4 – 2 和图 4 – 13 所示，在各自最佳的缓冲距离内，EW 向基底断裂、基底断裂交点和褶皱轴线具有最高的 C 值和 C_s 值，而且这三者的 C 值和 C_s 值远大于其他构造要素的值。证据权重分析反映的这种矿点空间关联的强弱与距离分布分析的结果完全相同（图 4 – 13），都表明了 EW 向基底断裂、基底断裂交点和褶皱轴线对研究区铜矿点的区域分布具有重要的控制作用。

表 4 – 2　地质要素的距离缓冲和证据权重分析结果

地质要素	最佳缓冲距离/m	距离分布分析				证据权分析	
		D_M	D_N	D	uc	C	C_s
岩体边界	350	87%	32%	55%	52%	3.04	8.03
EW 向基底断裂	1500	76%	55%	21%	75%	1.36	4.6
NS 向基底断裂	1000	55%	53%	2%	72%	0.2	0.8
基底断裂交点	2500	83%	60%	23%	79%	1.54	4.64
褶皱轴线	2500	89%	67%	22%	86%	1.59	3.95
NE 向盖层断裂	1500	68%	57%	11%	76%	0.63	2.33
NW 向盖层断裂	1500	59%	49%	10%	68%	0.44	1.74
盖层断裂交点	2500	74%	65%	9%	84%	0.71	2.46

D_M：矿点分布频率；D_N：非矿点分布频率；D：$D_M - D_N$；uc：D_N 的置信曲线

从成矿要素空间分析的结果来看，岩体要素是本区最重要的控矿因素。而许多前人的研究都表明了区域断裂控制了岩浆的侵位（常印佛等，1991；Pan 和 Dong，1999；Wang et al.，2011），因此，我们也采用距离分布分析来评估各种构造要素与岩体的空间相关度（图 4 – 14）。结果显示 EW 向和 NS 向基底断裂及它们的交点呈现出与岩体分布的正相关关系。在相应的缓冲范围内，EW 向基底断裂具有最高超过正常水平 17% 的岩体分布频率[图 4 – 14（a）]，基底断裂交点具有最高超过正常水平 26% 的岩体分布频率[图 4 – 14（c）]，表明了以上两种构造要素与岩体分布的强相关度。NS 向基底断裂具有最高超过正常水平 11% 的岩体分布频率[图 4 – 14（b）]，表明了该要素与岩体分布中等强度的相关性。与基底断裂相比，NE 向和 NW 向盖层断裂及它们的交点在 1.5 km 缓冲距离之内表现出与岩体分布的负相关，超过 1.5 km 的缓冲范围时，这些要素表现出与岩体分布较弱的正相关关系，在相应缓冲范围内，NW 向断裂、NW 向断裂、盖层断裂交点分别具有最高超过正常水平 6%、9% 和 5% 的岩体分布频率[图 4 - 14(d)～图 4 - 14(f)]。

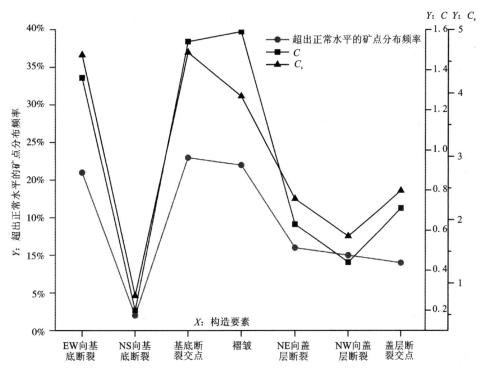

图 4 - 13　距离分布分析和证据权重分析得出的空间关系定量评价指标的对比图示(彩图版见附录)

从以上空间分析结果可以看出：EW 向基底断裂和基底断裂交点既表现出与矿点分布的强相关性，也呈现出与岩体分布的密切空间关系，因此有必要评估这些构造要素对岩浆侵位的控制作用在多大程度上决定了它们对矿点分布的制约作用。为此，我们按照空间分析中的最佳缓冲距离分别建立 EW 向基底断裂和岩体的缓冲区，并提取了两者缓冲区的交集，然后统计落在不同缓冲区中的矿点数目。结果显示 EW 向断裂缓冲区中的矿点有 98% 落在断裂缓冲区和岩体缓冲区交集范围内，此缓冲区交集只占断裂缓冲区面积的 33.58%，只有一个矿点落在交集之外的区域(图 4 - 15)。与之相似，基底断裂交点缓冲区的矿点有 96% 落在了占总面积 37.11% 的基底断裂交点缓冲区和岩体缓冲区的交集内(图 4 - 16)。从以上的空间分析结果推断，EW 向基底断裂和基底断裂交点对矿点分布的控制作用应归因于它们对成矿期岩浆岩分布的控制作用。

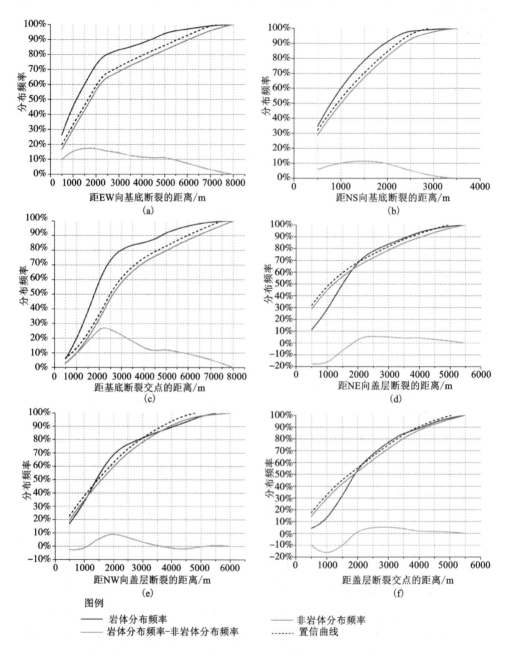

图例

———— 岩体分布频率   ———— 非岩体分布频率

———— 岩体分布频率-非岩体分布频率   ········· 置信曲线

图4-14 构造要素缓冲距离内的岩体分布频率(彩图版见附录)

(a)EW向基底断裂；(b)NS向基底断裂；(c)基底断裂交点；

(d)NE向盖层断裂；(e)NW向盖层断裂；(f)盖层断裂交点

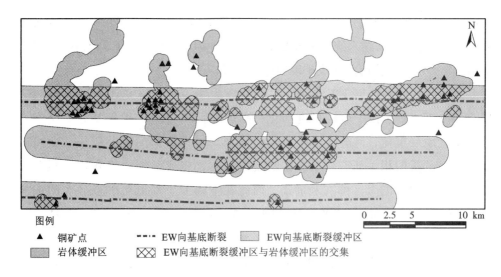

图 4 - 15　铜矿点在 EW 向断裂和岩体缓冲区的分布(彩图版见附录)

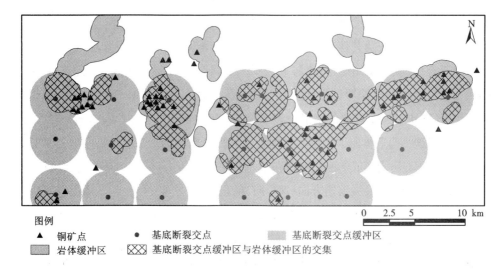

图 4 - 16　铜矿点在基底断裂交点和岩体缓冲区的分布(彩图版见附录)

4.3.2 空间分析结果的地质解译

空间分析的结果揭示了研究区各成矿要素的空间分布特征和矿点的相关关系，但要将这些要素纳入统一的成矿时空体系并厘清它们在成矿过程中的作用，还需要结合地质演化历史和成矿模型进行地质解译。

研究区基底构造以 EW 向和 NS 向断裂为主，前人研究认为这些断裂形成于印支期之前，在中生代再度活化（常印佛等，1991）。由于基底断裂完全被中生代地层覆盖，目前缺少构造几何学和动力学方面的研究成果。在成矿要素空间分析的相关研究中，有些断裂被证明是将成矿期岩浆和热液从深部源区运移到浅部汇聚区的有利通道，因此在空间上呈现出与矿点分布的强相关性（Carranza et al.，2009；Haddad – Martim et al.，2017；Parsa et al.，2018）。研究区的地球物理资料显示了地表 10km 以下存在一个中生代的岩浆房（Wang et al.，2011），EW 向断裂在燕山成矿期成为岩浆从岩浆房向浅部运移的重要通道，因此在距离分布分析和证据权重分析都显示了 EW 向断裂对岩浆分布的控制作用（图 4 – 5，图 4 – 13），由于区内已知矿点大多沿构造 – 岩浆带分布，因此 EW 向断裂对岩浆的控制作用也造成了 EW 向断裂和矿点分布的空间强相关性，而 Fry 分析中区域尺度 EW 向的优势方向也证明了 EW 向断裂在区域尺度的控矿作用（图 4 – 4）。

NE 向 S 形褶皱及其伴生断裂是盖层中的主要构造，由于褶皱卷入的最新地层是中三叠统地层，而中三叠统与下侏罗统之间存在角度不整合，因此推断褶皱形成在中三叠世和早侏罗世之间。在此阶段区域地壳遭受 NW—SE 向挤压和右旋剪切作用（图 4 – 17），经典的走滑断裂系统的右旋剪切变形模型（Waldron，2005）可以用来解释这一构造体制下盖层 S 形褶皱及其伴生断裂的形成（图 4 – 18）：在挤压和剪切作用下，初始形成的断裂系统包括垂直最大缩短方向（NE 向）的褶皱和逆断层，同时发育了平行最大缩短方向（NW 向）的正断层 [图 4 – 18(a)]；随后，持续的右旋剪切作用引起了初始构造系统的要素发生旋转（David et al.，2011），具体表现为褶皱在右旋剪切作用下形成了 S 型的轴线形态，正断层经历了左旋走滑运动，而逆断层则发生了右旋走滑运动 [图 4 – 18(b)]。野外观测到的 NE 向的逆冲断层（王庆飞，2005）和地质图中 NW 向断层的左旋运动轨迹可以支持以上推论。

研究区中生代地层中存在若干力学性质差异明显的地层间的岩性分界面，这些分界面往往也是不整合面，如上泥盆统石英砂岩和上石炭统灰岩之间的分界面。在上述褶皱形成过程中，这些分界面遭受了递进的褶皱和剪切变形，发育了大量的层间剪切带(图 4 – 19，图 4 – 20)。由于褶皱形成过程中的层间滑动作用，沿着褶皱核部的分界面易形成层间滑脱带。研究区的构造体制在白垩纪由挤压转为拉张，上述剪切带和滑脱带在这一时期叠加了拉伸变形，非常有利于该时期成矿热液的汇聚，从而成为层控矿体赋存的有利场所。这一推论可被以下证据支持：(1)层控矿体的产状虽然整体与层理一致，但与围岩接触边界明显是弯曲的不协调形状，说明矿质沉淀应该是在一个力学拉张的环境下进行的(Pan 和 Dong，1999；Liu et al.，2014；Zhang et al.，2017a)(图 4 – 21)。(2)研究区冬瓜山铜矿床的数值实验结果表明拉张应力条件下形成的高扩容区有利于流体的汇聚，且其位置与现有矿体的位置基本一致(Liu et al.，2014)。此外，由于本区的岩浆岩往往沿着褶皱核部侵位，靠近褶皱核部的层间构造带可以获得足够的热源和流体源。综上所述，褶皱地层的层间构造带是容纳、汇聚、沉淀成矿热液的有利部位，促进了本区层控矽卡岩矿体的形成，矿体靠近褶皱核部变得厚大(如图 4 – 19 中 C_2 中的主矿体)是由于该区域是层间滑脱带发育的部位。距离分布分析和证据权重分析都表明了褶皱轴线(核部)与矿点分布的强空间相关度，而 Fry 分析中小尺度(<4.5 km)范围内 Fry 点呈现出的 NE 向的优势方向应为 NE 向的褶皱引起，而与 NE 向盖层断裂系统无关，因此在空间分析中 NE 向断裂都呈现出与矿点分布的弱相关(图 4 – 10，图 4 – 13)。

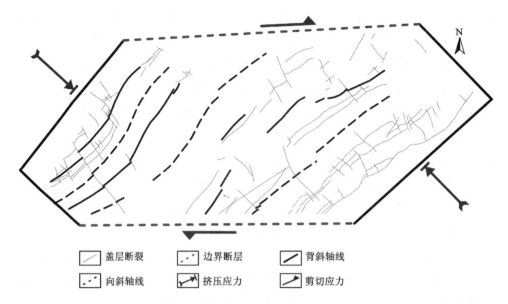

	盖层断裂		边界断层		背斜轴线
	向斜轴线		挤压应力		剪切应力

图 4 – 17　铜陵地区褶皱形成时期的区域构造体制（据 Wang et al. , 2011 修改）（彩图版见附录）

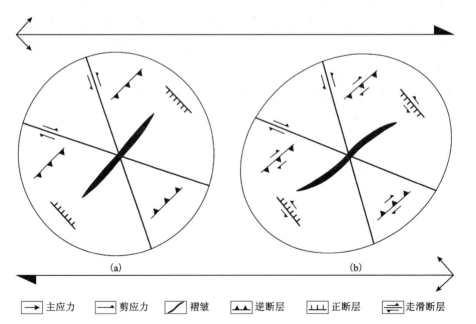

	主应力		剪应力		褶皱		逆断层		正断层		走滑断层

图 4 – 18　走滑断裂系统右旋剪切作用下的变形模型（据 Waldron, 2005 修改）（彩图版见附录）

（a）变形初始阶段形成的构造系统；（b）持续剪切作用下构造要素的旋转变形

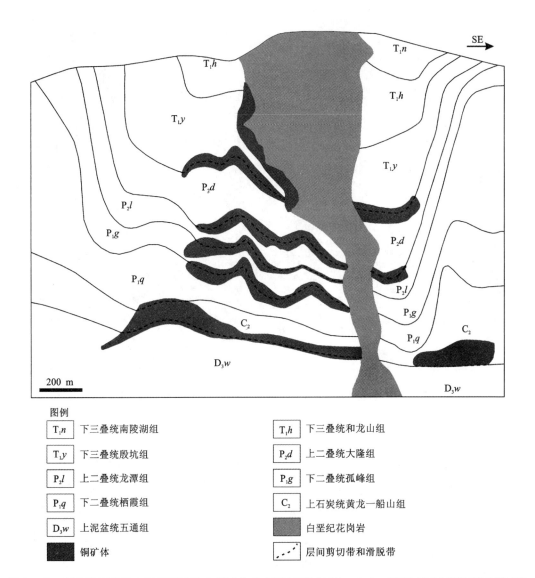

图例

T_1n	下三叠统南陵湖组
T_1h	下三叠统和龙山组
T_1y	下三叠统殷坑组
P_2d	上二叠统大隆组
P_2l	上二叠统龙潭组
P_1g	下二叠统孤峰组
P_1q	下二叠统栖霞组
C_2	上石炭统黄龙—船山组
铜矿体	白垩纪花岗岩
	层间剪切带和滑脱带

图 4 - 19　铜陵地区狮子山矿田层控矽卡岩矿体的典型剖面 (据 Wu et al. , 2003 修改) (彩图版见附录)

图4－20　铜陵地区上石炭统灰岩与上泥盆统石英砂岩层间剪切带的野外照片（彩图版见附录）

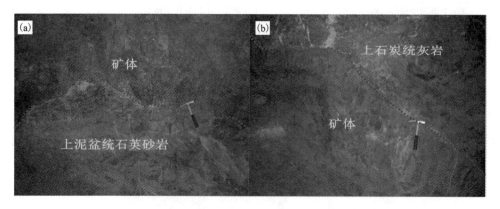

图4－21　新桥矿床层控矿体与围岩边界的井下照片（彩图版见附录）

（a）矿体与下伏上泥盆统石英砂岩的分界面；（b）矿体与上覆上石炭统灰岩的分界面

4.4 基于机器学习的定量成矿预测

4.4.1 输入数据

机器学习是一种数据驱动型的预测算法，因此对原始数据的依赖性很强。在本次应用中，要获得可靠的成矿预测结果，首要问题是保障输入的数据有助于机器学习算法识别矿点的空间分布模式。在上文的空间分析中，我们分析了相当一部分与成矿有关的地质要素，但要系统、全面地反映成矿过程中关键的指示变量，还需要加入其他资料和数据。

在本次研究中我们采用成矿系统分析法（mineral systems approach）来甄选能反映研究区矽卡岩型铜矿床形成过程的勘查要素。成矿系统分析法以一种整体的视角分析各种尺度下各种关键的成矿过程，包括以下构造、物理和化学过程：（Wyborn et al.，1994；Kreuzer et al.，2008；Joly et al.，2012；Kreuzer et al.，2015；Hagemann et al.，2016）：（1）驱动成矿事件的能量梯度的生成；（2）从地幔或地壳源区提取成矿所需的组分（如矿质、流体和配体）；（3）通过构造通道将成矿组分从源区向浅部运移；（4）通过物理和化学过程汇聚成矿流体、改变流体组成，最终导致矿质在流体汇聚场所沉淀；（5）成矿后矿床的保存。相比于传统的矿床描述性的成因模型，成矿系统分析法不局限于已发现的矿床，而是强调了成矿系统的形成是对一系列发生在巨大时间和空间尺度的地质过程的响应（Hagemann et al.，2016），因此特别适用于区域—矿区尺度上对未发现矿床的预测和勘查。

McCuaig et al.（2010）提出了一种将理论成矿模型有效转化为勘查要素系统的框架体系，思路是逐步将关键成矿过程分解成子过程，再分析子过程产生的可追踪的勘查要素，最后在各种资料和数据中搜寻反映勘查要素的预测信息图层。本次研究采用以上思路，由于勘查要素随勘查尺度变化，区域尺度的成矿预测主要涉及成矿物质来源、运移、汇聚和沉淀过程（Joly et al.，2012；Hagemann et al.，2016）。以下详述成矿系统分析的具体过程，分析获得的成矿系统要素见表4-3。

1）成矿物质来源

许多岩浆-热液成矿系统只有单一的物质来源，不仅提供流体，也提供流体中卤化物、气体和矿质（Hagemann et al.，2016）。在铜陵地区的矽卡岩铜矿成矿系统中，白垩纪的侵入岩很可能是这种既提供流体又提供矿质的来源，原因有如下几个方面：(1)辉钼矿 Re-Os 测年结果显示本区矿化年龄为 141~137 Ma（毛景文等，2004；梅燕雄等，2005；陆三明，2007；Li et al.，2014），与白垩纪侵入岩的年龄基本相同。(2)氢氧同位素分析结果指示了成矿流体主要来自岩浆水，而硫铅同位素分析结果也表明成矿物质源自岩浆（Pan 和 Dong，1999；Zhang et al.，2017a；Liu et al.，2019）。(3)所有已发现的矿体都位于侵入岩体周边，而且随着与岩体距离的减小，品位和厚度都有增加的趋势（李进文，2004；Liu et al.，2018b）。(4)对未矿化沉积围岩系统取样分析的结果表明大部分样品的铜含量都相当于或者小于地壳的丰度，特别是来自区内主要的赋矿地层黄龙组的样品，其铜浓度只相当于克拉克值的 15%（Du et al.，2015），说明了铜不太可能来自沉积地层。为了解释白垩纪侵入岩和与之相关的铜矿化的形成过程，前人提出了许多理论模型（Deng et al.，2011；Mao et al.，2011；Xie et al.，2018）：在 149 Ma 以前，古太平洋板块向欧亚大陆垂向俯冲，此时的中国东部成为活动板块边缘；随后古太平洋板块运动速度发生变化，引起了该板块的东亚部分发生顺时针偏移和斜向俯冲；平行大陆板块边缘的构造运动引起了中国东部的构造体制由挤压转为拉伸，引发了大范围的岩石圈拆沉、地壳厚度变薄和岩浆上涌（Liu et al.，2018b）；地幔局部熔融形成的岩浆在上升过程中受到下地壳的混染，再侵位到上地壳形成了分布广泛的侵入岩体，并引发了大规模的铜多金属矿化。但是上述有关成矿系统能量和物质起源的过程都无法追踪和记录，因为这些过程都发生在板块尺度上，远大于本次研究的范围。因此，作为这些过程的结果，白垩纪侵入岩体的空间要素被我们用来代表与成矿物质来源相关的岩浆起源和活动过程。靠近地表出露的岩体界线可以作为有效的预测图层。此外，地球物理资料可以揭示地表以下隐伏岩体的位置信息，根据研究区岩石的地球物理特征，我们采用了相关的地球物理异常作为预测图层。鉴于研究区侵入岩的电阻率（>1000 Ω·m）远高于沉积岩（<200 Ω·m）（杜建国等，2016），而且岩体和矿化岩石都具有大小不等的磁化率，而沉积岩几乎不具磁性，因此电阻率异常和磁异常可以作为指示深部岩体的有效信息图层。

表4-3 铜陵地区矽卡岩型铜矿的成矿系统分析

关键过程	来源	运移	聚集	沉淀
子过程	①地幔熔体生成②幔壳物质混合③成矿期岩浆侵入上地壳沉积地层	①成矿期岩浆从源区向上地壳运移②岩浆期后热液从上地壳向圈闭区运移	①构造变形产生的扩容区域②成矿流体在扩容区汇聚	①流体-围岩反应②流体泄压③流体冷却④流体混合
勘查要素	白垩纪中酸性侵入岩	①活化的基底断裂②沉积盖层中的运移网络	①物性差异明显的不同岩性接触带②构造因素造就的扩容带	①地球化学异常②热液蚀变带
反映勘查要素的信息图层	①岩体出露边界邻域②电阻率异常推测的岩体深部边界邻域③磁异常	①东西向基底断裂邻域②盖层断裂密度	①基于重力场边缘识别的岩性边界密度②褶皱核部邻域③盖层断裂交点邻域	①Cu异常②多元素地球化学异常③铁化蚀变邻域④泥化蚀变邻域

2）运移通道

运移通道是成矿物质从深部源区向浅部汇聚圈闭区转移的关键因素。在铜陵地区起运移通道作用的是从地壳到矿床尺度的各种构造组成的分层构造体系（Wu et al.，2003；Deng et al.，2011）。必须强调的是这些运移通道应在成矿期处于活化状态，才具有足够的渗透性来支持物质的运移（Hagemann et al.，2016）。被挤压-拉张构造转换体制强化的跨地壳断裂是深部岩浆向上地壳运移的主要通道（Joly et al.，2015；Hagemann et al.，2016）。但这些断裂由于尺度和深度问题很难被观测和追踪。如4.3.2节所述，EW向基底断裂（特别是铜陵—沙滩角断裂）成为在上地壳运移成矿相关岩浆的通道（常印佛等，1991；Liu et al.，2005b；Deng et al.，2011）。这些基底断裂虽然被认为形成于印支期之前，但在燕山期的构造-岩浆活动中被再次活化（常印佛等，1991）。在地壳浅部，以NE向为主的盖层构造成为成矿期岩浆和热液流通并向有利部位汇聚的通道（Deng et al.，2006）。在成矿物质运移过程中，能被追踪的岩浆/热液通道主要是在区域填图和地球物理调查中被识别的多层构造，包括EW向基底断裂和盖层多方向的褶皱-断裂构成的浅部岩浆/流体运移网络。

3）成矿流体汇聚

圈闭区是成矿流体汇聚和矿质沉淀的场所。流体往往流向具有高渗透性的扩容区，物性差异显著的分界地带易于在构造变形过程中形成这种扩容区（Joly et al.，2012）。如4.3.2节所述，铜陵地区中生代地层中存在若干物性差异明显的岩性分界面（一般是灰岩和砂岩的分界面），如黄龙组的碳酸盐岩和五通组的石英砂岩间的分界面。厚层石英砂岩作为强硬层，薄层碳酸盐岩作为软弱层，在印支期的挤压体制下，强硬层和软弱层的分界面易于形成顺层发育的剪切带和滑脱带，特别是靠近褶皱核部的部位（图4-19）（Wu et al.，2003；Deng et al.，2011）。这些剪切带和滑脱带在燕山成矿期拉张的构造机制下被叠加改造，成为容纳成矿热液和进行矿质沉淀的有利场所（图4-19）。从以上分析可知，物性差异明显的岩性分界面是本区最佳的成矿流体汇聚部位，但地下的岩性界面无法在地质图上被识别。由于本区不同地层间存在一定的密度差异（严加永等，2015；杜建国等，2016），本次研究采用了边缘检测算法提取的重力场中的线性边界，该信息层可用于表征地下的岩性分界信息（Almasi et al.，2017）。其他潜在的流体汇聚场所包括渗透性强的断裂交汇区域（Partington，2010；Joly et al.，2012）和褶皱的核部（Cox et al.，2001）。

4）矿质沉淀

热液系统的多种物理化学过程都会引起矿质的沉淀，其本质是由于热液体系物理化学条件的改变引起了金属溶解度的降低，这些过程包括流体冷却、流体泄压、流体混合和流体-岩石反应。在矽卡岩成矿系统中，成矿流体和碳酸盐岩围岩的化学反应在矿质沉淀中发挥了关键性的作用。此外，本区流体包裹体研究中常能观察到流体沸腾的证据（Deng et al.，2011；Cao et al.，2017；Liu et al.，2019），成矿流体在圈闭区不断汇聚会使岩石发生水压致裂，造成流体压力突然释放和温度骤降，从而可能引起流体的沸腾。流体沸腾会引起挥发分（如 CO_2 和 H_2O）的逸散和 pH 的升高，从而影响热液系统的体系平衡，促进矿质从流体中沉淀出来（Liu et al.，2019）。矿质沉淀过程可以被诸多地球化学要素示踪，地球化学异常和热液蚀变都是这一过程良好的指示要素。

信息图层的选取应在以上成矿系统分析的指导下，从研究区可公开获取的资料数据中选取。本次研究最大程度地搜寻和集成了铜陵地区地质、地球物理、地球化学和遥感等各类信息，从中选取了以下信息层反映成矿系统的来源、运移、汇聚和沉淀四个关键过程（表4-3）。

（1）地质信息图层（获取/解译自安徽省地质矿产局，1987；Deng et al.，2006；

Wang et al. , 2011；Du, 2013；Zhang et al. , 2018b)：①白垩纪侵入岩体与围岩的边界邻区[图4-5(a)]；②东西向基底断裂邻区[图4-6(a)]；③褶皱轴线邻区[4-9(a)]；④盖层断裂密度[图4-22(a)]；⑤盖层断裂交点邻区[图4-22(b)]。

(2)地球物理信息图层(获取/解译自严加永等, 2009；兰学毅等, 2015；严加永等, 2015；杜建国等, 2016)：①基于重力场边缘识别的岩性边界密度[图4-23(a)]；②电阻率异常推测的岩体深部边界邻区[图4-23(b)]；③磁异常[图4-23(c)]。

(3)地球化学信息图层(获取/解译自 Xie et al. , 1997；李进文, 2004；陆顺富, 2014)：①铜元素地球化学异常[图4-24(a)]；②铜矿化相关的钨-铜-钼多元素地球化学异常[图4-24(b)]。

(4)遥感信息图层(获取/解译自 Hou et al. , 2007)：①铁化蚀变异常[图4-24(c)]；②泥化蚀变异常[图4-24(d)]。

上述信息图层是机器学习输入图层的主体，是机器学习算法做出分类判断的条件组合。由于本次研究采用的是有监督机器学习算法，因此除了信息图层之外还需要输入可供算法学习的样本集。样本集分为正样本和负样本，本区已发现的63 个铜矿点作为模型学习的正样本(安徽省地质矿产局, 1987；常印佛等, 1991；Deng et al. , 2006)，负样本(非矿点)则根据以下原则选取(Carranza et al. , 2008b；Zuo 和 Carranza, 2011)：(1)负样本的数量必须与正样本相同，才能组成足够、均衡的训练数据，并且在评价过程中模型的预测性能才能被准确地评估。(2)负样本应该在已知矿点一定范围之外选取，这是因为靠近已知矿点的区域很可能具有跟矿点相似的成矿条件组合，因此具有较大的概率发现未知的矿床。空间点模式分析可以帮助我们确定具体的选取范围(Zuo 和 Carranza, 2011；Carranza 和 Laborte, 2015)，如图4-25 所示，统计每个矿点与它最近矿点的距离并编制成频率图，可以获知任一矿点与它最近矿点的最大距离为4282 m，换而言之，在任一矿点4284 m 范围内，有100%的概率找到一个或者一个以上的其他已知矿点，因此，我们应该在这个缓冲范围之外选取非矿点。但是4282 m 的缓冲区范围太大，缓冲区之外很难选择出63 个非矿点，因此我们采用1838 m 作为缓冲距离，在任一矿点1838 m 范围内，有86%的几率找到一个或一个以上的已知矿点(图4-25)，非矿点应在这个范围之外选取。但以上以矿点缓冲作为选取参照的前提是研究区的勘查程度是均一的，否则在勘查程度差的地区没有足够的矿点作为参照。因此，我们在选取非矿点的时候考虑了研究区勘查程度均一的成矿地质条件，根据4.3节的分析，区内最有利的成矿要素是白垩纪侵入岩，我们建立了侵入岩体500 m的缓冲区，从图4-26可见，大部分岩体缓冲区与矿点缓冲区重合，这些重合部分代表了研究区内勘查程度较高的区域，现有的几大矿田都落在这些重合区中。而有部分岩体缓冲区基本不包含已知矿点，这些区域往往位于勘查程度较差的地区，但具有一定的成矿潜力。因此，负样本应该在矿点缓冲区和岩体缓冲区之外进行选取，这样才能最大程度地降低非矿点与未发现矿床重叠的概率。(3)矿床是稀有事件和非线性成矿过程的产物，因此它们的分布往往呈现丛聚分布，而非矿点作为常规自然过程的产物，一般呈随机分布，因此非矿点的选取应该是随机的。遵循以上三个原则，我们在一定缓冲范围之外随机选取了63个非矿点作为负样本(图4-26)。

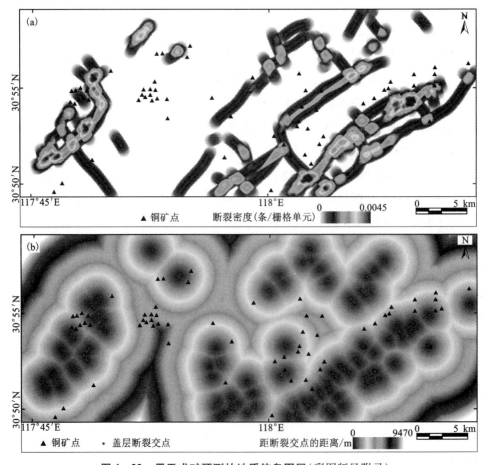

图4-22　用于成矿预测的地质信息图层(彩图版见附录)

(a)盖层断裂密度；(b)盖层断裂交点邻区

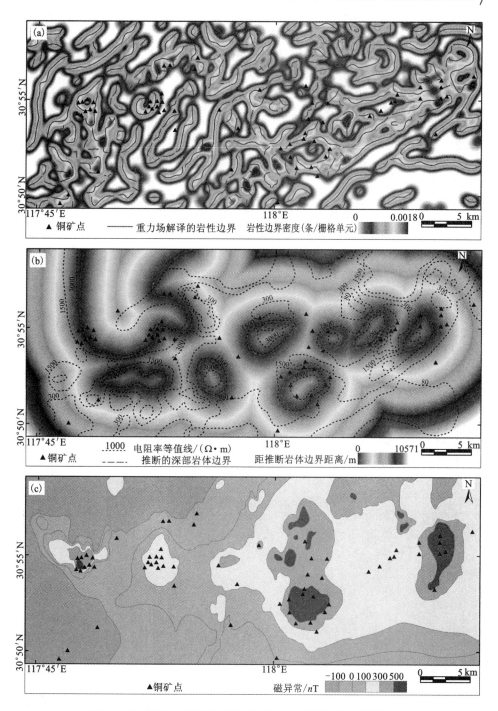

图 4 - 23　用于成矿预测的地球物理信息图层(彩图版见附录)

(a)基于重力场边缘识别的岩性边界密度；(b)电阻率异常推测的岩体深部边界邻区；(c)磁异常

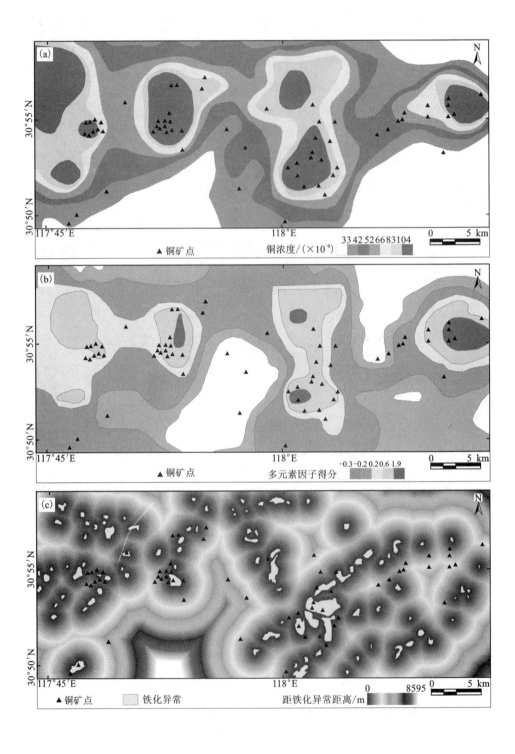

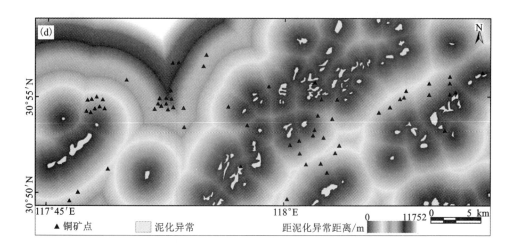

图 4 – 24　用于成矿预测的地球化学和遥感信息图层(彩图版见附录)

(a)铜元素地球化学异常；(b)钨 – 铜 – 钼多元素地球化学异常；(c)铁化蚀变异常；(d)泥化蚀变异常

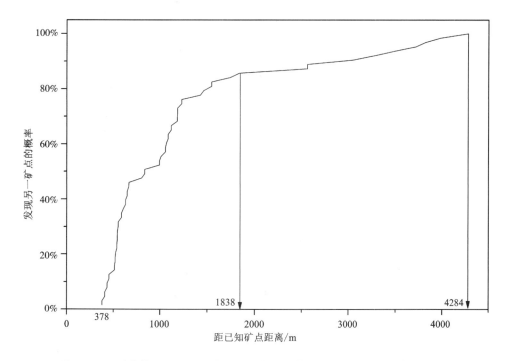

图 4 – 25　矿点模式分析显示在任一矿点一定范围内找到另一个矿点的概率

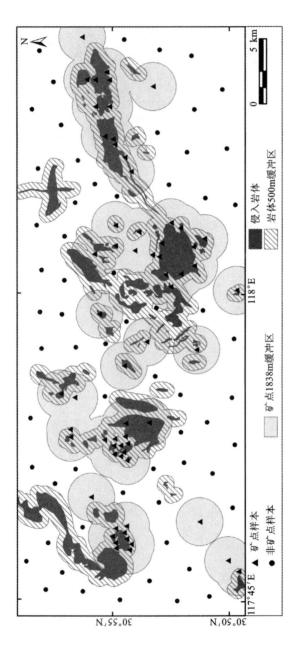

图 4-26 输入数据集中正样本和负样本的选取(彩图版见附录)

在训练机器学习模型之前，所有输入集(包括信息图层和样本集)都应该转化成数据表达的形式，因此需要将研究区域离散化，并将信息图层转化为栅格图，每个离散化的网格具有相应信息层的唯一数据表达。离散化的网格尺寸对于预测模型的精度有一定影响，本次研究采用了 Carranza(2009b)提出的方法客观地确定网格尺寸。首先，为了尽可能地利用稀少的正样本，合理的网格尺寸应该使每个已知矿点都落在单独的网格内，空间点模式分析可以帮助我们选择合适的尺寸范围。如图 4 - 25 所示，任一矿点最近邻矿点的最小距离是 378 m，意味着大于378 m 的网格尺寸可能会让两个矿点落在同一个网格内，因此，网格尺寸的上限为 378 m。其次，网格尺寸的下限 $S_{\min}$ 取决于信息图层的分辨率，可通过以下公式计算(Hengl, 2006)：

$$S_{\min} = MS \times 0.00025 \qquad (4-1)$$

其中 MS 表示地图的比例尺，本区采用的信息图层的最大比例尺为 1:20000，所以网格尺寸的下限应为 50 m。在合理的尺寸范围内(50～378 m)，我们选择了200 m 作为离散化的网格尺寸，将研究区剖分为 20250 个网格。需要指出的是，信息图层的原始采样间距会大于网格的尺寸，这意味最终离散化的网格不能保证每个网格都有一个原始的数据点，这时就需要在栅格化的过程中采用距离反比加权法或者克里格法等空间插值技术，但空间插值肯定会影响特征表征的精度。Zuo(2012)研究了网格尺寸大小对地球化学填图成效的影响，论证了网格尺寸确实会对元素浓度分布频率和地球化学异常的识别产生影响，但影响较轻微。本次研究中，大部分信息图层的比例尺为 1:50000，可以为空间插值提供足够的原始数据点，插值结果足以满足区域尺度成矿预测的精度要求。126 个包含正负样本点的网格及其信息层数据值被抽取出来作为训练和验证的样本集。这些样本被分为两部分，2/3 样本作为训练机器学习模型的训练集，其余 1/3 样本作为验证模型预测精度的验证集。

4.4.2　模型训练

通过模型训练获取最佳的模型参数组合是机器算法预测的第一步，也是得到可靠预测结果的关键步骤之一。由于在实际预测应用中，没有普遍意义上的确定参数的准则可以适用于所有情况，虽然一些经验性的参数区间可以帮助研究者在参数选取过程中缩小选择的范围，但客观的试错流程(trial and error)依然是获取最佳参数的必经步骤。本次研究采用了网格搜索的思路和 10 折交叉验证的方法来执行试错程序。网格搜索是指在模型参数的合理范围内设置一定的步长列出参数可能的取值，然后对不同参数的不同取值进行全组合，对每种参数组合都进行训练，比较分类预测的精度。在单个参数组合的试错过程中，采用10折交叉验证的方法评价结果，具体方法是将原始训练集分为10等份，每次训练取其中1份作为验证数据，其余9份作为训练数据，该过程重复10次直至每份数据都作为验证数据评估过分类结果。最终的分类精度由10次训练结果的平均值决定（Xiong 和 Zuo，2017）。预测结果用均方差（MSE）来评估：

$$MSE = \frac{1}{N_v} \sum_{i=1}^{N_v} (\widehat{y_i} - y_i)^2 \qquad (4-2)$$

在本次用于成矿预测的分类评估中，N_v 指验证数据的个数；$\widehat{y_i}$ 指验证数据的预测结果（即用1来代表矿点，0代表非矿点）；y_i 指验证数据的实际类别（1或者0）。MSE 最低的模型参数组合用于构建最佳的预测模型。

本次研究采用的三种机器学习算法涉及的参数见表4-4，其中各参数的经验取值范围参考了前人的相关研究（人工神经网络：Porwal et al.，2003；Badel et al.，2011；Panda 和 Tripathy，2014；支持向量机：Rodriguez-Galiano et al.，2015；Mohammadi 和 Hezarkhani，2018；随机森林：Carranza and Laborte，2015；Rodriguez-Galiano et al.，2015）。

表4-4 机器学习模型的主要参数

模型	参数	描述	取值范围
人工神经网络	神经元数量	中间层(隐藏层)中神经元的数量	2~10
	最大训练次数	权重调整过程最大的训练次数	10~500
	学习率	模型初始的学习速率	0.1~0.5
	动量项	限制权重调整局部最优化的参数	0.05~0.5
支持向量机	伽马	决定每个支持向量影响范围的参数	0.1~1
	惩罚因子	错误分类的惩罚系数	0.1~50
随机森林	分类树数量	随机森林中分类树的数量	10~500
	特征数量	每棵树随机选取的原始特征图层的数量	2~12
	最大深度	分类树分裂过程的最大次数	2~20
	最小叶尺寸	每个叶节点的最小数量	1~20

从模型训练结果来看，参数的波动对不同模型分类预测精度的影响有很大差

异，图 4 - 27 和表 4 - 5 显示了通过网格搜索和 10 折交叉验证得出的不同参数组合下模型的预测表现。

人工神经网络模型精度随参数的变化比较复杂，如图 4 - 27(a)所示，最大训练次数不足（ < 200 次）会引起较高的误差，而过度训练（最大训练次数 > 350）可能会引起过拟合，也会产生一些不准确的预测结果。神经元数量的增加没有引起误差的显著降低，因此在本次研究应用中不需要采用复杂的神经网络来提高预测的精度。相对于训练次数和神经元数量，学习率和动量项对模型分类精度的影响较小[4 - 28(b)]，动量项增大会引起一些稍高的误差。

支持向量机的训练只涉及两个关键的参数，但分类误差依然呈现出随参数的复杂变化。如图 4 - 27(c)所示，从趋势上看，伽马值和惩罚因子的增大会引起误差的增大，误差最大的区域出现在图的中部，误差最小的区域则分布在靠近左侧或下部的狭窄带状区域，表明在本次研究中采用较小的伽马值（ < 0.2）或者较小的惩罚因子（ < 5）可以获得更准确的分类结果。

随机森林的四个关键参数的变化对预测结果影响都不显著[4 - 28(d)、图 4 - 8(e)]，指示了随机森林算法对参数不敏感。但具体来说，只随机采用 2 个特征向量的情况下，太少的分类树数量（ < 50）会造成稍高的误差。可以从图 4 - 27(d)中观察到当设置超过 50 棵分类树并且随机采用超过 3 个特征的情况下，模型的分类误差会稳定地低于 0.051。增加随机森林中的分类树的数目并不能有效地提高分类精度，但会显著地增加模型训练时间。最大深度和最小叶尺寸参数变化对模型分类结果的影响微乎其微，在图 4 - 27(e)中仅见误差的细微波动。

综合来看，随机森林模型在应对参数变化方面的表现较其他两种算法更好，交叉验证的统计结果也表明了随机森林模型的预测结果具有最高的准确度和稳定性。如表 4 - 5 所示，随机森林的预测结果具有最小的平均误差（0.039）和误差的标准差（0.007）。相比之下，支持向量机的预测结果具有最大的平均误差（0.156），整体准确性最差；而人工神经网络的预测结果具有最大的误差标准差（0.027），预测最不稳定。随机森林卓越的分类预测能力可归因于其构建分类器时采用的两种随机方案（Rodriguez - Galiano et al. , 2015）：一方面，构建每棵分类树的数据都是从原始数据集中随机选取；另一方面，用于条件判断的特征数目和种类都是从原始特征集中随机选取。这两种随机方案有效地增加了随机森林的多样性，最大程度保证了每棵分类树都是"独一无二"的，提高了最终多数投票的可靠程度，从而产生了高准确度和稳定性的预测结果。

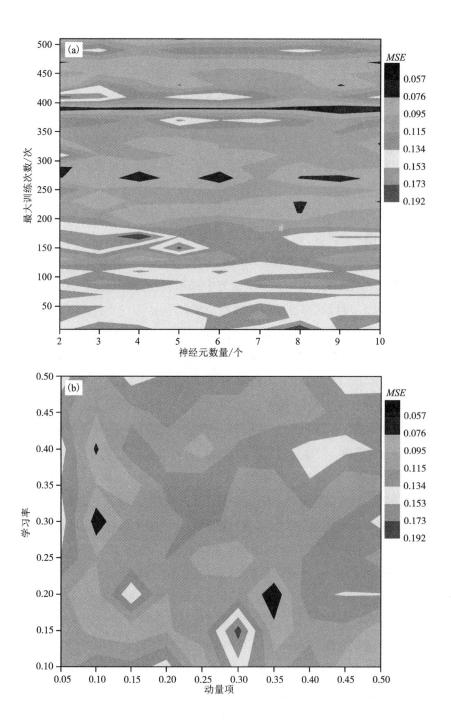

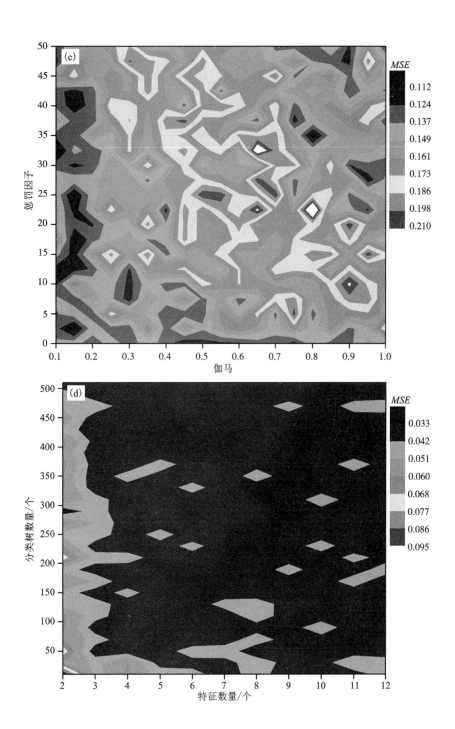

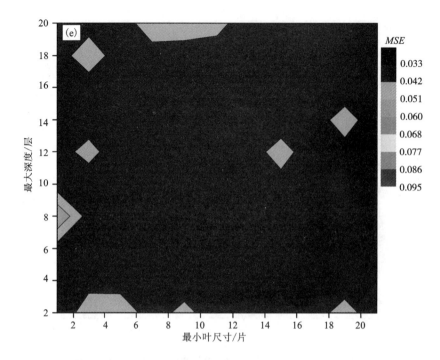

图 4 – 27　不同参数组合下的模型预测误差（彩图版见附录）

（a）人工神经网络神经元数量与训练次数的参数组合预测结果；（b）人工神经网络学习率和动量项的
参数组合预测结果；（c）支持向量机伽马和惩罚因子参数组合预测结果；（d）随机森林分类树数目和
特征向量数目参数组合预测结果；（e）随机森林最大深度和最小叶片数量参数组合预测结果

表 4 – 5　机器学习模型训练结果的统计数据

模型	预测误差			
	最大	最小	平均	标准差
人工神经网络	0.057	0.192	0.112	0.027
支持向量机	0.097	0.239	0.156	0.023
随机森林	0.033	0.094	0.039	0.007

4.4.3 模型分类和预测能力评价

经过参数实验和模型训练,每种机器学习算法采用最佳的参数组合构建了相应的预测模型。预测结果如图 4-28 所示,研究区每个离散化的网格区域都会被赋予一个范围从 0 到 1 的浮动概率值,表示该区域与矿点所在区域成矿潜力评估条件的相似程度。在默认的分类方案中,预测概率值大于 0.5 的网格被认为包含矿点,概率小于 0.5 的区域被认为是非矿点区域(图 4-28)。

为了综合评估机器学习模型的分类和预测能力,我们在本次研究中采用了基于混淆矩阵的统计指标、ROC 曲线和成功率曲线等评价方法。

混淆矩阵可以精确地描述模型的分类精度。在混淆矩阵中,模型分类预测的结果被总结为四种情况:①如果一个真实的矿点被预测为矿点,混淆矩阵将之归类为被正确预测的正样本(true positive sample,简称 TP);②如果一个真实的矿点被预测为非矿点,可将之归类为被错误预测的负样本(false negative sample,简称 FN);③如果一个真实的非矿点被预测为矿点,可将之归类为被错误预测的正样本(false positive sample,简称 FP);④如果一个真实的非矿点被预测为非矿点,可将之归类为被正确预测的负样本(true negative sample,TN)。基于这四种分类,我们可将训练过程和验证过程中各种类别的分类精度按以下指标进行统计(Liu et al.,2005a;Tien Bui et al.,2015):

$$敏感度 = \frac{TP}{TP + FN} \qquad (4-3)$$

$$特异度 = \frac{TN}{TN + FP} \qquad (4-4)$$

$$预测正样本准确率 = \frac{TP}{TP + FP} \qquad (4-5)$$

$$预测负样本准确率 = \frac{TN}{TN + FN} \qquad (4-6)$$

$$分类准确率 = \frac{TP + TN}{TP + TN + FP + FN} \qquad (4-7)$$

三种机器学习模型分类结果的混淆矩阵见表 4-6~表 4-8,从以上表格数据中可知,随机森林在训练集上达到了 100% 的分类准确度,人工神经网络也仅错误分类了 1 个矿点样本,以上两种模型在验证集上也有着卓越的表现。与之相比,支持向量机在训练集和验证集上都表现不佳,特别是在验证过程中,支持向量机模型错误分类了近 1/3 的矿点样本。基于以上混淆矩阵, 表 4-9 统计了所有样本集上的分类精度的评价指标。随机森林模型具有最高的敏感度(93.65%), 指示了 93.65% 的矿点样本被正确分类为矿点, 其次为人工神经网络模型(90.48%)和支持向量机模型(79.37%)。人工神经网络模型的特异度达到了 100%, 指示了所有非矿点样本都被正确地分类为非矿点, 随机森林模型和支持向量机模型的特异度也都高于 95%, 表明了三类模型对于非矿点的分类都很准确。人工神经网络模型达到了 100% 的预测正样本准确率, 指示了所有被预测为"矿点"的样本都为真实矿点, 随机森林模型也具有很高的预测正样本准确率(98.33%), 仅有一个非矿点被错误预测为矿点, 支持向量机模型在此项预测精度评估上表现稍差(94.34%)。支持向量机同时具有较低的预测负样本准确率(82.19%), 指示了被预测为非矿点的样本里只有 82.19% 是真实的非矿点, 随机森林模型和支持向量机模型具有较高的预测负样本准确率, 分别达到了 93.94% 和 91.30%。随机森林模型的总体分类准确率达到了 96.03%, 指示了该模型正确识别了 96.03% 的矿点和非矿点, 人工神经网络和支持向量机的总体分类准确率分别为 95.24% 和 87.30%。

预测模型的总体预测性能可以通过 ROC 曲线来评估(Nykänen et al., 2015, 2017), ROC 曲线是针对二元分类系统分类性能的评价指标, 将分类成功率随判断阈值递减的变化规律用图形的方式表现出来(Murphy, 2012)。具体来说, ROC 曲线以预测结果的每一个值作为可能的判断阈值, 由此计算得到相应的灵敏度和特异度, 图形中 Y 坐标为真阳性率(即灵敏度), 反映当前判断阈值下正确预测矿点的比例, X 坐标为假阳性率(数值上等于 1 - 特异度), 指示非矿点被错误预测为矿点的比例(Nykänen et al., 2015)。通过改变阈值得到了大量的数据对(假阳性率, 真阳性率)从而构建 ROC 曲线。ROC 曲线越接近左上角, 说明该模型的预测性能越好(Truong et al., 2018)。为了量化地评价预测性能, 将曲线下的面积(area under the curve, 简称 AUC)作为指标定量衡量不同预测模型的预测性能, 取值范围为(0, 1)。本次研究中三种模型的 ROC 曲线如图 4-29 所示, 随机森林的 ROC 曲线最靠近左上角, 其 AUC(0.9892)大于人工神经网络(0.9836)和支持向量机(0.9332), 表明了随机森林的整体预测性能最优, 人工神经网络次之, 支持向量机的预测性能较差。这与混淆矩阵的评估结果相同。

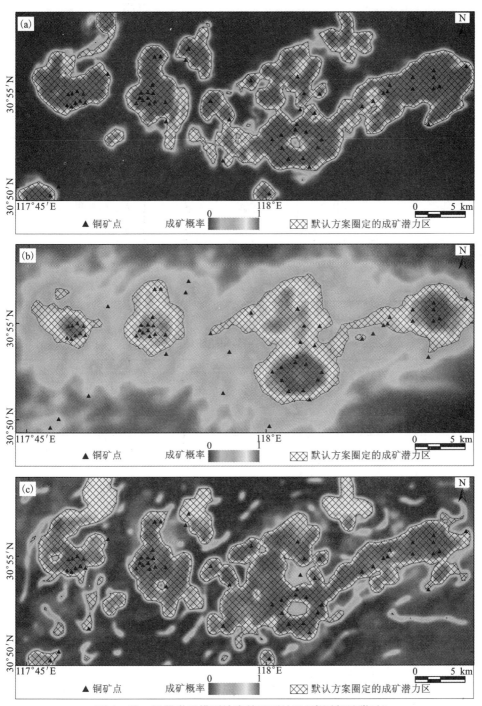

图 4 - 28　机器学习模型输出的预测结果(彩图版见附录)

(a)支持向量机预测结果;(b)人工神经网络预测结果;(c)随机森林预测结果

表 4 - 6 支持向量机在训练集和验证集上的混淆矩阵

	训练集		验证集	
	真实矿点	真实非矿点	真实矿点	真实非矿点
预测矿点	36	3	14	0
预测非矿点	6	39	7	21

表 4 - 7 人工神经网络在训练集和验证集上的混淆矩阵

	训练集		验证集	
	真实矿点	真实非矿点	真实矿点	真实非矿点
预测矿点	41	0	16	0
预测非矿点	1	42	5	21

表 4 - 8 随机森林在训练集和验证集上的混淆矩阵

	训练集		验证集	
	真实矿点	真实非矿点	真实矿点	真实非矿点
预测矿点	42	0	17	1
预测非矿点	0	42	4	20

表 4 - 9 机器学习模型的分类预测精度

指标	支持向量机	人工神经网络	随机森林
敏感度	79.37%	90.48%	93.65%
特异度	95.24%	100%	98.41%
预测正样本准确率	94.34%	100%	98.33%
预测负样本准确率	82.19%	91.30%	93.94%
总体分类精度	87.30%	95.24%	96.03%

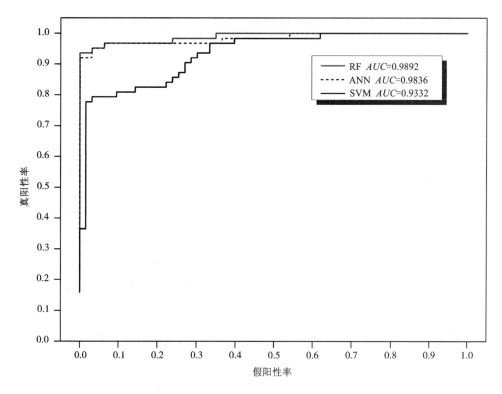

**图 4 – 29 随机森林(RF)、人工神经网络(ANN)
和支持向量机(SVM)的 *ROC* 曲线和 *AUC* 值**(彩图版见附录)

　　从模型算法角度来看,三种机器学习模型在分类能力和综合预测能力上都达到了令人满意的精度。但结合成矿预测应用的基本要求来看,模型输出的预测结果应尽可能以最小面积的靶区获得最高的找矿成功率,即应考虑模型的预测效率。三种机器学习模型按默认分类方案(预测概率 > 0.5)圈定的成矿潜力区分别占研究区总面积的 30.63%(人工神经网络模型)、21.34%(支持向量机模型)、33.11%(随机森林模型)。显然,这种方案圈定的目标区域面积太大,无法作为后续勘查工作中高效合理的找矿靶区。因此,本次研究采用成功率曲线作为评估模型预测效率和有效划分勘查靶区的手段。成功率曲线统计了大于某个预测概率的区域面积比率(区域面积/总面积)与该区域内包含的已知矿点比率(区域内矿点数目/总矿点数目)。成功率曲线很好地反映了成矿预测靶区圈定的基本思想,即以尽可能小的面积获得尽可能大的找矿成功率。如图 4–30(a)所示,随机森林的成功率曲线基本位于人工神经网络和支持向量机的成功率曲线之上,意味着在相同面积的靶区之内,随机森林包含了比其他两种模型更多的已知矿点;从另一个角度考虑,要捕获相同数量的已知矿点,随机森林圈出的靶区面积最小。如果用若干拟合直线反映不同预测概率区间的矿点比率/面积比率,那么拟合直线的斜率就可以反映该区段模型预测的效率,斜率越大,说明模型用越小的面积捕获了越多的已知矿点。相邻拟合直线的交点反映了不同预测效率区段的分界点,可以作为细分成矿潜力区的阈值。根据从图 4–30(b)~图 4–30(d)中获取的阈值,三种机器学习模型划分不同成矿潜力区,生成成矿预测图(图 4–31)。随机森林模型生成的成矿预测图中,占总面积 4.99% 的极高潜力区包含了区内 55.56% 的已知矿点,与之相比,人工神经网络模型圈出的极高潜力区占研究区 7.98% 的面积,包含 53.97% 的已知矿点,支持向量机则以 8.98% 的极高潜力区面积捕获了 61.90% 的已知矿点。从成矿潜力和预测效率来看,极高潜力区和高潜力区可以作为后续勘查工作的目标区域,随机森林模型圈定的目标区域包含区内 51 个已知矿点,面积比率为 13.97%,而人工神经网络和支持向量机圈定的目标区域包含相似数目的已知矿点(54 个和 50 个),但占据了研究区 20.95% 的面积。

综合模型分类精度、ROC 曲线和成功率曲线的评估结果,本次研究选择随机森林模型作为最终的成矿预测模型,并将基于成功率曲线的成矿潜力区分布图[图 4–31(c)]作为最终的预测成果图。

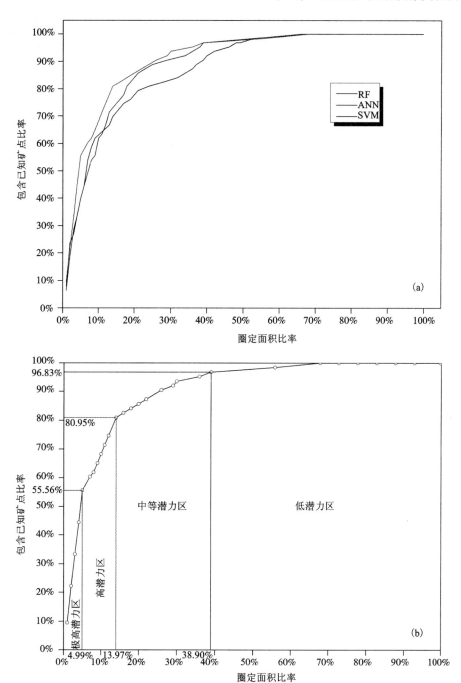

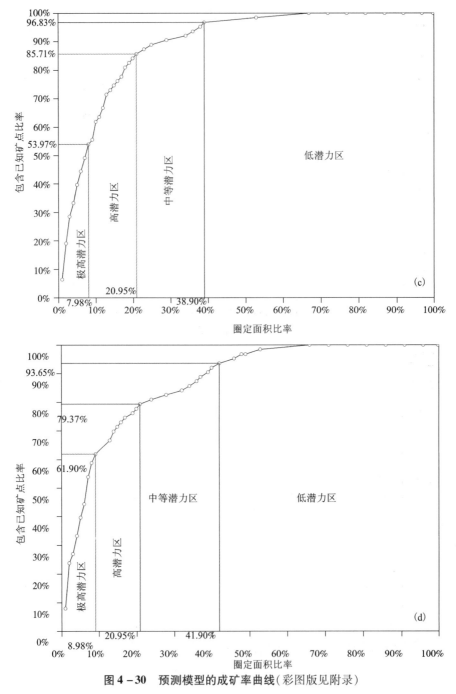

图 4 - 30 预测模型的成矿率曲线(彩图版见附录)

（a）三种模型的成功率曲线对比，RF：随机森林，ANN：人工神经网络，SVM：支持向量机；（b）随机森林模型的成矿潜力区划分；（c）人工神经网络模型的成矿潜力区划分；（d)支持向量机模型的成矿潜力区划分

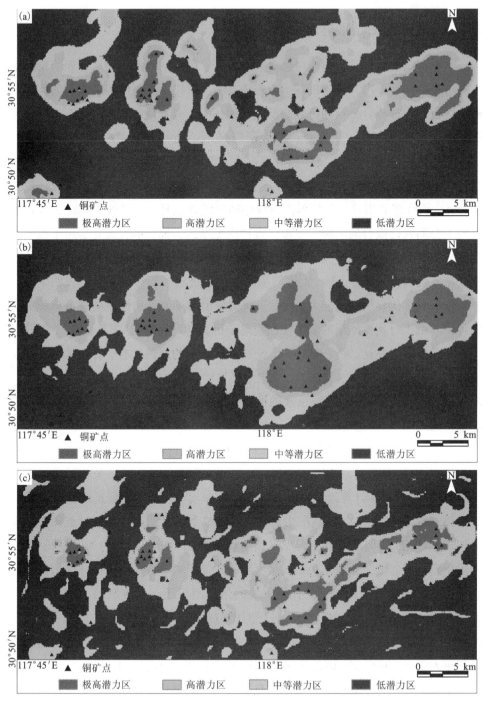

图 4-31 根据成功率曲线重分类的成矿预测图(彩图版见附录)

(a)人工神经网络模型;(b)支持向量机模型;(c)随机森林模型

4.4.4 成矿预测结果与讨论

一个有效的成矿预测模型应包含以下要素：稳健的算法方案、合理的模型输入和可靠的模型输出。对于机器学习来说，建立稳健的算法模型最关键的问题是避免过拟合。过拟合是指训练好的模型在训练集上具有优异的预测表现，但对新数据的预测准确度却大幅下降。本次研究采用了两种方案来避免过拟合问题：(1)1/3 的数据从原始样本集中被分离出来，组成验证集的这些数据不参与训练过程，因此可以很好地评估过拟合的程度；(2)训练过程采用 10 折交叉验证的方法，每次训练都取出一部分数据作为训练精度的评估样本，以此来保证训练出的模型不会陷入过拟合的陷阱。在确保合理模型输入方面，本次研究采用了成矿系统分析法将研究区目标矿床类型的成矿模型转化成 12 个信息图层，能全面地反映成矿系统物质来源、运移、汇聚和沉淀的关键过程。模型评价结果表明了机器学习模型具有优异的预测能力，但对于模型输出结果的可靠性还应进行地质方面的解译。由于对预测结果的解译往往受阻于机器学习算法的"黑箱属性"，即预测过程完全由数据驱动，缺乏对成矿系统知识和认识的反馈，本次研究采用了信息增益值(information gain，简称 IG)来定量计算输入的各信息图层对预测模型的影响权重，并以此评估信息图层反映的地质要素在成矿预测中的相对重要程度。信息增益值可由下式计算：

$$IG(Y, F_i) = H(Y) - H(Y|F_i) \tag{4-8}$$

其中 $H(Y)$ 是分类结果 Y 的熵值，$H(Y|F_i)$ 为输入信息图层关联 Y 后的熵值(变量的具体意义和计算过程详见 Tien Bui et al.，2016)。各信息图层对模型预测结果的权重见图 4-32，从图中可见，虽然单个信息图层对不同模型预测结果的权重不尽相同，但所有信息图层对预测模型的相对重要程度的排序是相似的。岩体出露边界邻域对预测结果影响最大，对人工神经网络和随机森林模型的预测结果贡献了超过 35% 的权重。其他重要的信息图层还包括推测的岩体深部边界邻域和多元素地球化学异常，对三种预测模型贡献了平均 10% 左右的权重。磁异常、铜元素地球化学异常、EW 向基底断裂邻域和岩性边界密度对最终预测结果贡献了大于 5% 的权重，而泥化蚀变邻域和盖层断裂密度的权重最小(<2%)。信息增益值分析结果表明最重要的信息图层反映的是成矿系统起源过程产生的勘查要素，即白垩纪侵入岩体相关的要素，包括岩体出露边界邻域、岩体深部边界邻域和磁异常；反映矿质沉淀过程的多元素地球化学异常和铜地球化学异常以及

铁化蚀变邻域是第二重要的勘查要素；反映成矿流体运移和汇聚过程的构造要素也对最终预测模型有一定程度的贡献。信息增益值反映的信息图层相对重要程度的排序与研究区实际勘查工作的重点基本吻合，都强调侵入岩体和沉淀场所的重要性（万秋和杜建国，2015；杜建国等，2016）。

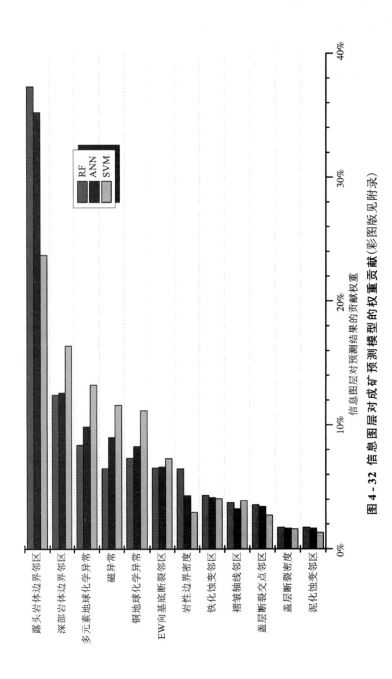

图 4 - 32 信息图层对预测模型的权重贡献(彩图版见附录)

第 5 章　滑坡敏感性定量评价与应用

　　滑坡敏感性是对滑坡发生可能性程度的一种定量表征。区域滑坡敏感性评价通过研究滑坡点与滑坡诱发因素之间的复杂空间关系,建立相应数学模型,预测所有位置的滑坡敏感性,并进行滑坡危险性区划。本章采用机器学习算法进行滑坡敏感性预测,整体思路与定量成矿预测类似(见 4.1 节),但滑坡的定量预测也有自身的特点:(1)滑坡涉及的诱发因素众多,包括地形地貌、地质、水文、土地状况和人为因素等,很难归为一个统一的系统加以研究;(2)滑坡点数量一般比矿点多,而且输入的信息图层更为丰富,为机器学习算法提供了更充足的学习样本;(3)由于分辨率更高,滑坡预测单元数量庞大,机器学习算法本身的运算效率应予以考虑。本章以四川雅江县为例,介绍基于机器学习的滑坡敏感性评价方法和流程,探讨获得可靠滑坡预测结果的有效途径。

5.1　研究区概况

　　研究区雅江县位于四川省的西北部,甘孜藏族自治州的腹心地带,雅砻江中游。全县范围为:东经 100°19′55″~101°20′20″,北纬 29°03′30″~30°30′44″,区域面积为 7681.5 km²,东西宽 107.4 km,南北长 160.4 km。

　　雅江县地处川西北丘状高原山区,地形起伏大,山高坡陡,总体趋势为东、西、北部高,中部和南部低,为典型的高原深谷地貌特征(罗威,2017)。受印支造山运动影响,古雅江地区由海洋凸起形成陆地,发生在各地质历史时期的大范围的构造 – 岩浆活动作用使研究区逐渐抬高,并形成了一系列的主干断裂及次生断裂,沿断裂带周围产生大量低谷,风化剥蚀和搬运效果显著,形成了研究区现今的高山原地貌。研究区地貌特点主要有:地势高差较大,区内岭谷的相对高差通常在 2500 m 以上;古夷平面发育,冰川作用突出;地貌类型复杂,山地面积占比大(罗威,2017)。

雅江县地层较为单一，出露的地层岩性主要为三叠系板岩、砂岩以及少量第四系堆积物。研究区位于松潘—甘孜褶皱系雅江复向斜中段的核心部位，鲜水河断裂带与理塘断裂带之间，断裂带纵横交错，雅江复向斜西接理塘—甘孜断裂，东邻丹巴—里伍复背斜，北东方向被后期的炉霍—道孚断裂带深切，呈北西向的狭长带状（罗威，2017）。

雅江县地处高原亚湿润气候区，受青藏高原地形起伏和大气循环流动的影响，雅江县城所在地区呈现青藏高原气候和大陆湿润气候特征，具有全年冬长夏短，四季区分不明显，无霜期较短的特点（胡海霞，2018）。根据雅江县气象资料统计，该区平均降水量为705.7mm，多年降水量中5～10月降水量占94.19%，11～次年4月降水量仅占5.81%（胡海霞，2018）。

雅江县的河流呈树枝状分布，属于雅砻江流域。据统计，雅江县域内的大小河流共计64条。雅砻江是流经雅江县区内最主要的一条河流，县域内全长227.5km，集雨面积较大的13条河流均汇入其中。研究区地表水和地下水蕴含量较丰富，其中地下水主要包括松散岩类孔隙水以及基岩裂隙水，由于研究区地层岩性主要为浅变质板岩和砂岩，故地下水以基岩裂隙水为主，地下水补给来源主要是大气降水以及农田灌溉水（胡海霞，2018）。

本章使用了雅江县历史滑坡位置数据、土地利用数据、土壤类型数据、数字高程模型（DEM）数据、气象数据、道路网数据、河流网数据、区域地质图等数据和资料，其中历史滑坡位置数据主要来源于《2010年四川省雅江县地质灾害调查数据集》（王德伟等，2017），DEM数据来自开源的GDEMDEM数据，气象数据主要来自文献（胡海霞，2018），土地利用数据、土壤类型数据、道路网数据、河流网数据和1：25万的雅江县地质图从全国地质资料馆、地质科学数据出版系统、地球大数据科学工程数据共享服务系统等网络公开数据源获取。本次研究所用的数据均需进行处理，DEM栅格、土地利用、土壤类型、道路网矢量数据和河流网矢量数据等数据可直接导入ArcGIS软件进行坐标的投影与转化，获取统一坐标空间内的专题图层。雅江县地质图和来自文献的图片资料则需要进行必要的矢量化和栅格化，获得相应的属性数据。

5.2　输入数据集

5.2.1　滑坡样本集

　　滑坡敏感性分析首先需要确定过去和现在发生滑坡的位置(Tien Bui et al.，2016)，滑坡目录图(landslide inventory map)详细记录了滑坡点的区域分布，是滑坡空间预测的必要输入数据(Pham et al.，2016；Pourghasemi 和 Rahmati，2018；Jaafari et al.，2019)。根据研究区的历史滑坡事件记录和详细的滑坡地质调查(王德伟等，2017)，编制了本区的滑坡目录图(图 5-1)，图中包括 129 个滑坡点数据，作为滑坡预测模型训练的正样本。

　　非滑坡点(即负样本)选取原则与非矿点的选取原则相同(详见 4.4.1 节)，在已知滑坡点 3800m(任一滑坡点距最邻滑坡点的最大距离)缓冲范围外随机选取 129 个非滑坡点。包含滑坡点和非滑坡点的样本集被分为两部分，70% 的样本组成训练集，剩余 30% 的样本作为验证集。

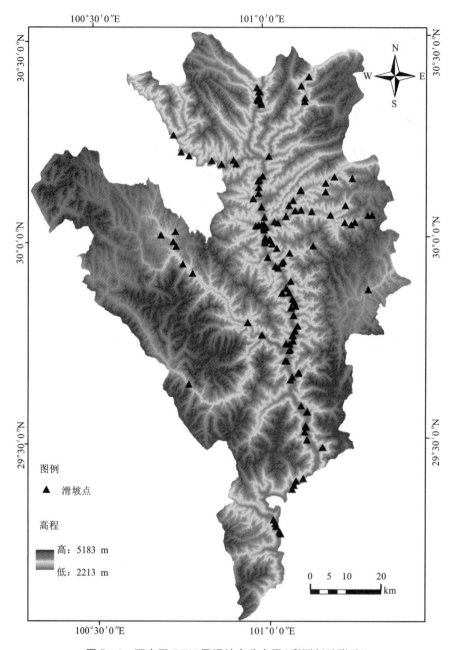

图5-1 研究区DEM及滑坡点分布图(彩图版见附录)

5.2.2　滑坡影响因子的信息图层

滑坡敏感性评价需要收集研究区的多源信息图层作为模型输入（Zhang et al.，2017c），本次研究从地形要素、水文要素、岩性要素、土地覆盖以及人为因素五个方面选取了 13 个滑坡影响因子图层作为机器学习模型构建的输入信息图层。这些因子包括坡向、坡角、高程、岩性、土地利用、土壤类型、平面曲率、剖面曲率、地形湿度指数（TWI）、降雨量、到道路的距离、到水系的距离和到断裂的距离。以下为选择这些因子的原因和相关信息图层的具体描述：

（1）不同的坡向区间对滑坡发育的影响程度不同，坡向影响着土壤和岩石的风化程度以及坡体含水量，滑坡的发育和坡向之间存在一定的相关性（Wu et al.，2006）。因此，坡向通常被认为是编制滑坡敏感性图件的必备图层之一［图 5 - 2（a）和表 5 - 1］。

（2）坡度是滑坡敏感性评价工作中应用最广泛的地形影响因子之一，地形坡度控制着一个斜坡的稳定程度，同时坡度还影响着坡上土体运动以及地下水的流动（Reichenbach et al.，2018），因此本次研究计算出全区的坡度作为输入图层之一［图 5 - 2（b）和表 5 - 1］。

（3）高程通常定义为某点沿铅垂线方向到绝对基准面的距离。在许多相关研究工作中，高程值与降雨、植被和势能变化引起的滑坡高敏感性有关（Vasu 和 Lee，2016）。因此，本次研究将高程因子作为滑坡影响因子之一，研究区高程范围为 2213 m 到 5183 m［图 5 - 2（c）和表 5 - 1］。

（4）不同的岩土体类型有不同的工程地质性质，从而引起斜坡稳定性的差异。因为强度、物质组成和结构等特征的不同，岩性对滑坡的发育有较大的影响（Vasu 和 Lee，2016）。研究区的岩性较为单一，主要为二叠系的深灰色条纹状粉砂质板岩以及灰质板岩，第四系堆积物以及侵入岩体［图 5 - 2（d）和表 5 - 1］。

（5）土地利用反映了当地人类工程活动的程度，研究区土地利用主要情况以及二类代码为：旱地（12）、有林地（21）、灌木林（22）、疏林地（23）、其他林地（24）、高覆盖度草地（31）、中覆盖度草地（32）、低覆盖度草地（33）、湖泊（42）、农村居民点（52）、其他建设用地（53）、沼泽地（64）、裸岩石质地（66）［图 5 - 3（a）和表 5 - 1］。

（6）不同类型的土壤具有不同的质地和性质，对滑坡的发育也有一定的影响（熊浪涛等，2016）。此外，与滑坡有关的地表和地下径流过程也受土壤性质、孔隙度和渗透性的影响(Pham et al.，2016)。因此土壤类型分布也作为本次研究的输入信息图层[图5-3(b)和表5-1]。

(7)平面曲率描述了地表的形态，正负值用来表示凹凸度；剖面曲率不仅控制着边坡变形的速度，而且影响着沉积以及侵蚀的速度(He et al.，2019)。因此本次研究同时选用了平面曲率和剖面曲率作为输入图层[图5-3(c)、图5-3(d)和表5-1]。

(8)地形湿度指数是对径流路径长度、汇流面积等的定量描述，地形湿度指数越大，斜坡坡度越平缓，斜坡汇流面积越大，斜坡土壤达到饱和可能性越大，地形湿度指数综合考虑了地形特征与土壤水分特性对土壤空间水分分布的影响(张彩霞等，2005)，因此，该指数能够指示土壤、地理和径流量的条件。地形湿度指数可根据下式确定：

$$W = \ln(\alpha/\tan\beta) \tag{5-1}$$

式中，W 为地形湿度指数；α 为流经地表某一点的单位等高线长度上的汇流面积；β 为该点处的坡度。在 DEM 表示的流域内，α 为网格单元汇水面积与 DEM 栅格尺寸的比值；$\tan\beta$ 为单元网格内起作用的局部坡角(用来近似等于稳定状态下的局部水力梯度)，计算获取的地形湿度指数分布及描述见图5-4(a)和表5-1。

(9)降雨可以降低土壤吸力以及增加孔隙水压力，可能诱发滑坡，因此，降雨量是滑坡的主要诱发因素之一(Shirzadi，2018；Xiao et al.，2018)。我国以200 mm、400 mm 和800 mm 降水等量线为界，将区域气候划分为干旱气候、半干旱气候、半湿润气候和湿润气候四种类别，雅江县主要位于半湿润区域，小部分位于湿润区域。研究区具体的降雨量分布及其描述见图5-4(b)(据胡海霞，2018 修改)和表5-1。

(10)研究区交通较为发达，道路建设较为频繁，道路建设过程中常会削坡，人为地改变斜坡的结构，对斜坡体稳定性有重要的影响(Reichenbach et al.，2018)。因此本次研究选用到道路的距离作为滑坡影响因子之一[图5-4(c)和表5-1]。

(11)地下水流量集中和河流切割破坏作用是不利于边坡底部稳定的水文地质条件(Reichenbach et al.，2018)，到水系的距离可以表示这一不利条件对斜坡的影响程度[图5-4(d)和表5-1]。

(12)斜坡的应力分布以及变形破坏特征取决于斜坡的构造特征和物质组成，而滑坡的形态、位移机理以及滑坡体的完整程度都与滑动前斜坡中地质构造运动有关，因此构造因素是影响滑坡发育的重要因素(邱海军，2012)，本次研究以到断裂的距离来定量表示区域构造因素对滑坡的影响程度(见图5-5 和表5-1)。

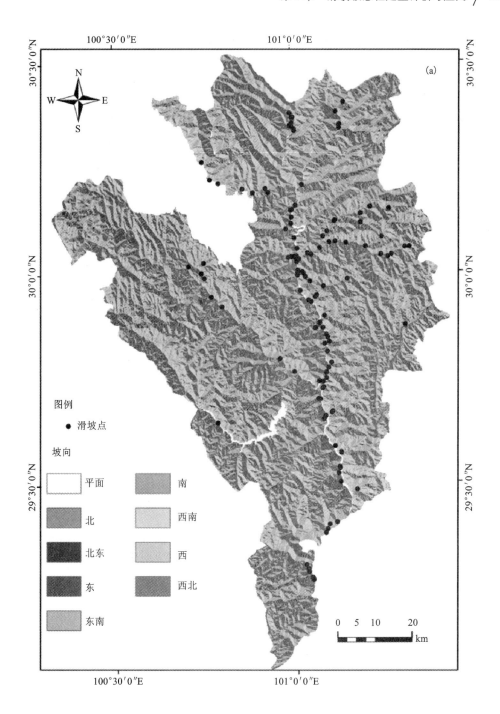

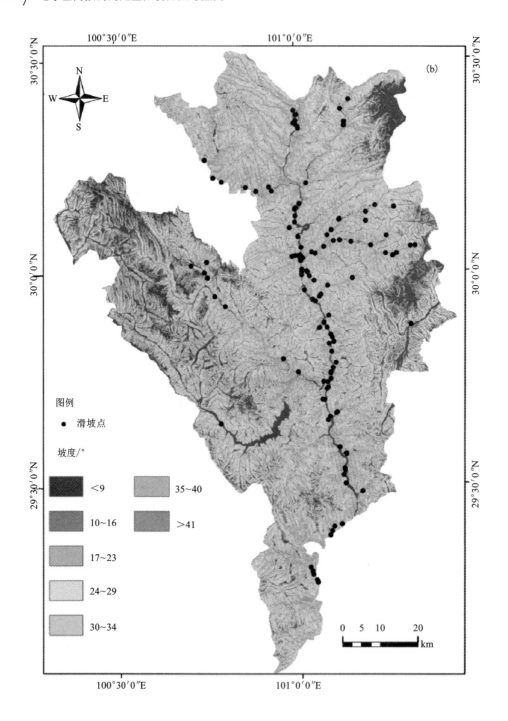

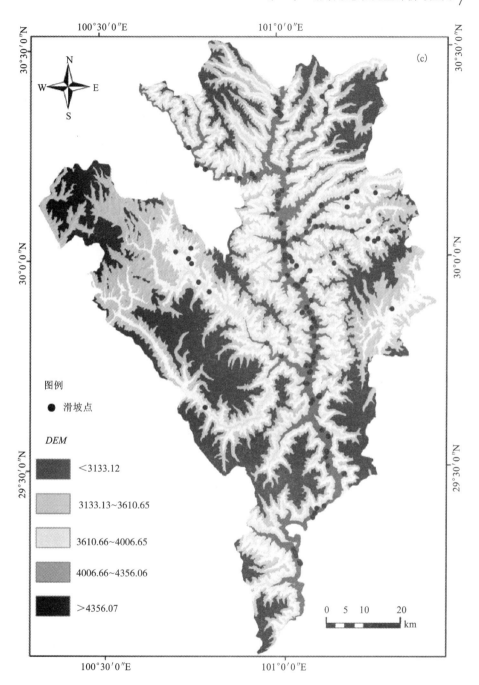

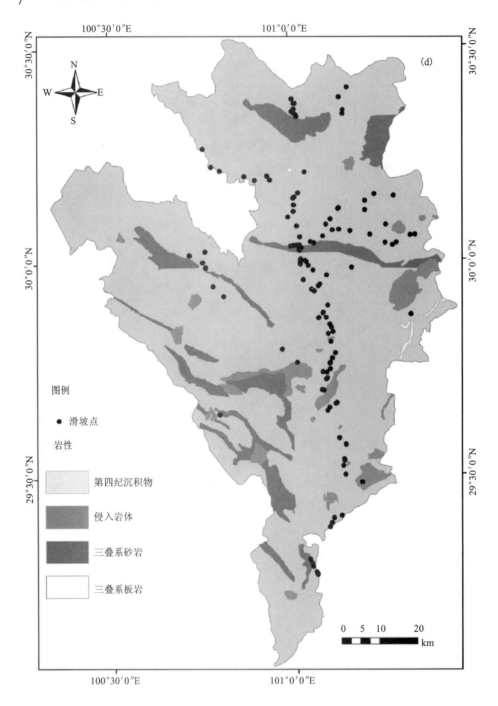

图5-2 研究区滑坡影响因子图层（彩图版见附录）

(a)坡向；(b)坡度；(c)*DEM*；(d)岩性

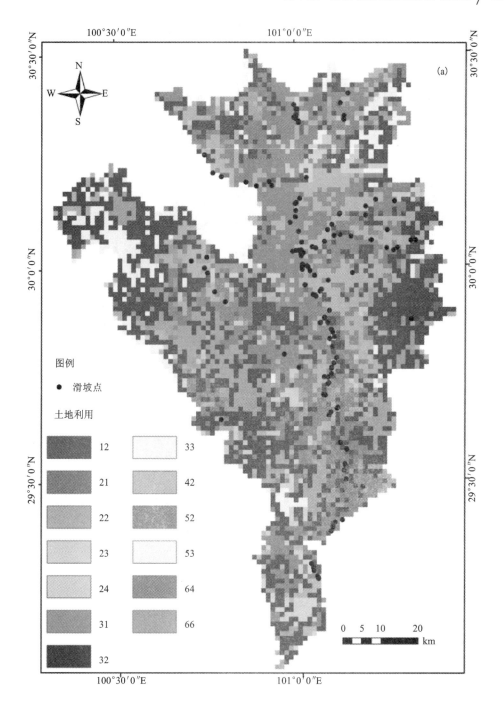

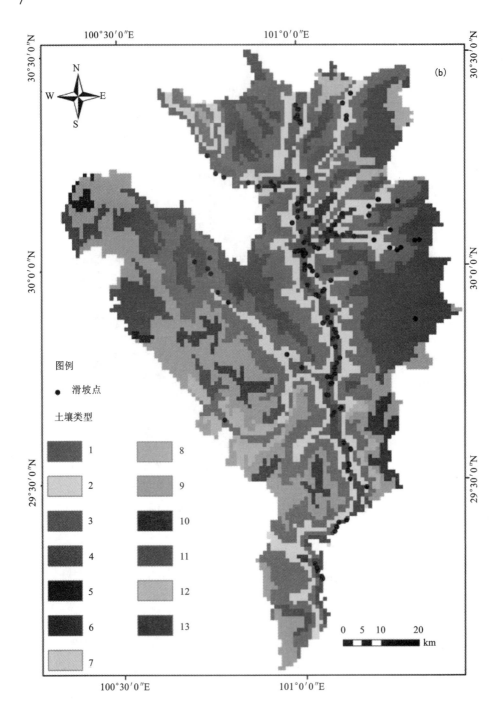

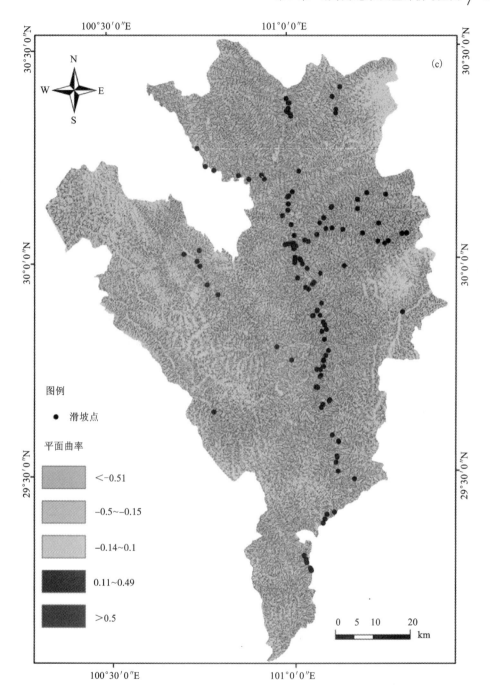

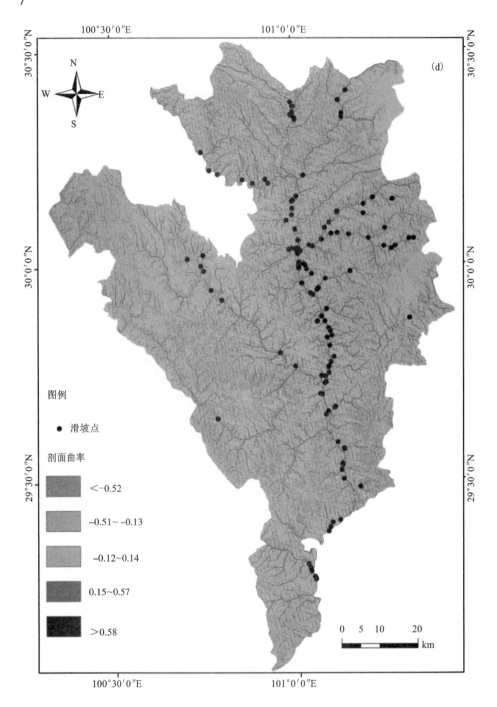

图 5 - 3 研究区滑坡影响因子图层(彩图版见附录)

(a)土地利用; (b)土壤类型; (c)平面曲率; (d)剖面曲率

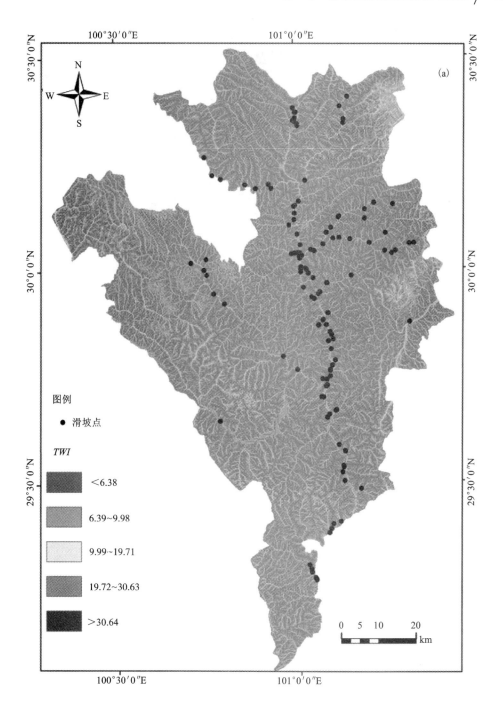

图例

● 滑坡点

降雨量/mm

- <685
- 686~728
- 729~771
- 772~814
- >814

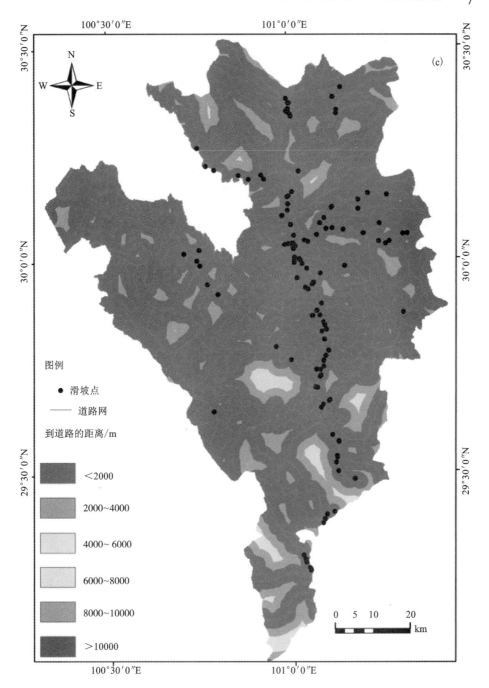

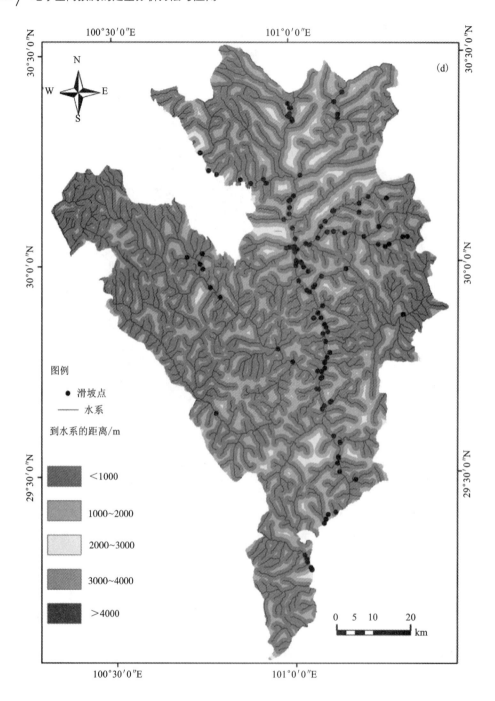

图5-4 研究区滑坡影响因子图层（彩图版见附录）

（a）地形湿度指数（*TWI*）；（b）降雨量；（c）到道路的距离；（d）到水系的距离

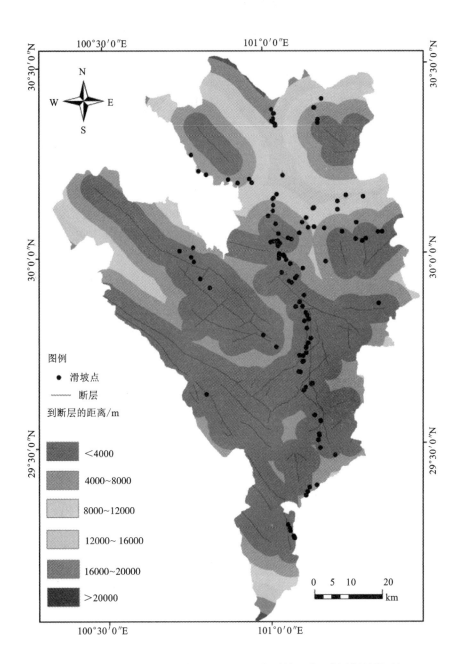

图 5-5　研究区滑坡影响因子图层：到断裂的距离(彩图版见附录)

表5-1 雅江县滑坡影响因子及分类

要素类型	编号	影响因子	分类
地形要素	1	坡度/°	(1) <9°；(2)10～16；(3)17～23；(4)24～29；(5)30～34；(6)35～40；(7) >41
	2	坡向	(1)平面；(2)北；(3)北东；(4)东；(5)南东；(6)南；(7)南西；(8)西；(9)北西
	3	高程/m	(1) <3133.12；(2)3133.12～3610.65；(3)3610.66～4006.65；(4)4006.66～4356.06；(5) >4356.07
	4	平面曲率/(m^{-1})	(1) < -0.51；(2) -0.5～ -0.15；(3) -0.14～0.1；(4)0.11～0.49；(5) >0.5
	5	剖面曲率/(m^{-1})	(1) < -0.52；(2) -0.51～ -0.13；(3) -0.12～0.14；(4)0.15～0.57；(5) >0.58
水文要素	6	降雨量/mm	(1) <685；(2)686～728；(3)729～771；(4)772～814；(5) >814
	7	地形湿度指数	(1) <6.38；(2)6.39～9.98；(3)9.99～19.71；(4)19.72～30.63；(5) >30.64
	8	到水系的距离/m	(1) <1000；(2)1000～2000；(3)2000～3000；(4)3000～4000；(5) >4000
岩层要素	9	岩性	(1)第四纪沉积物；(2)侵入岩体；(3)三叠系砂岩；(4)三叠系板岩
	10	到断裂的距离/m	(1) <4000；(2)4000～8000；(3)8000～12000；(4)12000～16000；(5)16000～20000；(6) >20000

续表 5 – 1

要素类型	编号	影响因子	分类
土地覆盖要素	11	土地利用	(12)旱地；(21)有林地；(22)灌木林；(23)疏林地；(24)其他林地；(31)高覆盖度草地；(32)中覆盖度草地；(33)低覆盖度草地；(42)湖泊；(52)农村居民点；(53)其他建设用地；(64)沼泽地；(66)裸岩石质地
	12	土壤类型	(1)棕色针叶林土；(2)棕壤；(3)灰化暗棕壤；(4)褐土；(5)淋溶褐土；(6)土娄土；(7)灰褐土；(8)沼泽土；(9)草毡土；(10)棕草毡土；(11)黑毡土；(12)棕黑毡土；(13)寒冻土
人为要素	13	到道路的距离(m)	(1) < 2000；(2)2000 ~ 4000；(3)4000 ~ 6000；(4) 6000 ~ 8000；(5) 8000 ~ 10000；(6) > 10000

5.3　滑坡敏感性定量评价

5.3.1　模型训练

　　模型的训练方法类似 4.4.2 节中成矿预测模型的训练，采用网络搜索和 10 折交叉验证，三种浅层学习模型参数的合理范围参见表 4 – 4，唯一不同点在于随机森林中特征数量的范围为 2 ~ 13。深度学习的分类精度主要取决于其多层结构，在此未作参数敏感性实验。三种浅层学习的模型训练结果见图 5 – 6 和表 5 – 2，显示了三种模型在不同参数配置下的分类误差有较明显的差异。

　　人工神经网络模型的训练过程非常复杂。如图 5 – 6(a)所示，训练次数不足（训练次数小于 50）会导致误差偏大，同时训练过度（训练次数大于 300）也可能出现不准确的分类结果，这可能是由于过拟合而造成的泛化能力变差，从而导致分类误差变大。神经元数量的增加并没有导致误差的明显降低,这意味着对于本次滑坡预测的算法应用而言,采用更复杂的神经网络对提高人工神经网络模型分类精度的效果并不明显。与前两个参数相比,训练过程对学习率和动量项这两个参数的敏感程度较低[图5-6(b)]。

支持向量机模型训练过程中只涉及伽马和惩罚因子两个参数的优化。如图5-6(c)所示,模型误差随伽马值的增加而显著增大,对惩罚因子的变化却没有显著的响应,说明支持向量机模型对于惩罚因子的敏感性很低。从误差随伽马值单调变化的趋势看,较小的误差均分布于左侧区域,表明较低的伽马值(<0.2)有助于获得更精确的分类结果[图5-6(c)]。

从图5-6(d)和图5-6(e)中可以看出,用于随机森林建模的四个参数对分类结果均没有显著影响,随机森林模型在训练过程中产生的最大程度的误差区间(0.1148~0.122)仅相当于支持向量机模型训练中最小一级的误差值(0.099~0.1296),绝大多数的参数组合产生的误差小于0.088,说明随机森林模型的分类精度很高,同时对参数配置不敏感,预测结果具有较强的稳定性。比较明显的误差差异是由特征数量的变化引起的,当随机选择的特征数小于总特征数的二分之一时均方差均较低,这是由于随机选择的特征数小,分类树之间的多样性就会增大,从而有效避免过拟合的发生。最大深度和最小的叶片数对模型预测精准度的影响不大,表现为图5-6(e)中误差的波动很小。

总体来说,随机森林对于参数变化的响应稳定性优于其他两种机器学习算法。并且10折交叉检验的统计结果也表明随机森林产出了最为精准和稳定的分类结果。如表5-2所示,随机森林模型具有最低的误差的平均值(0.07853)和标准差(0.00792);而支持向量机模型产生了最大的误差平均值(0.24101)和标准差(0.06962),显示其分类精度和稳定性最差。

表5-2 10折交叉检验的均方差值

模型	MSE			
	最小值	最大值	平均值	标准方差
人工神经网络	0.05	0.15	0.09213	0.01621
支持向量机	0.1	0.33889	0.24101	0.06962
随机森林	0.05556	0.11667	0.07853	0.00792

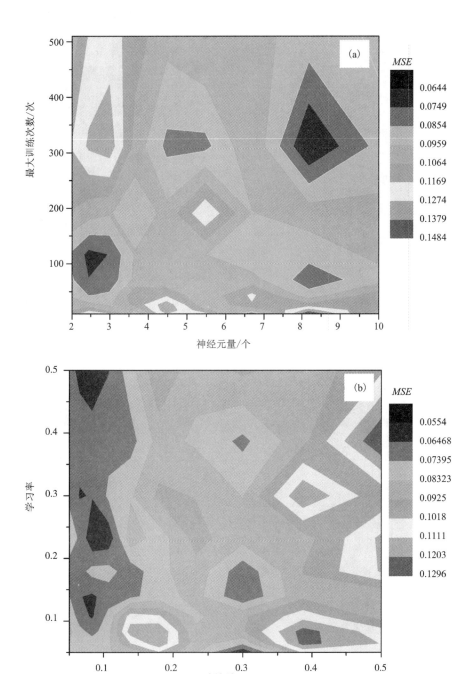

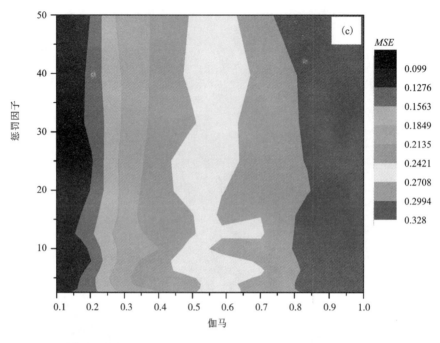

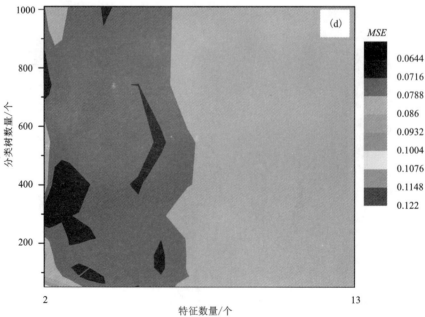

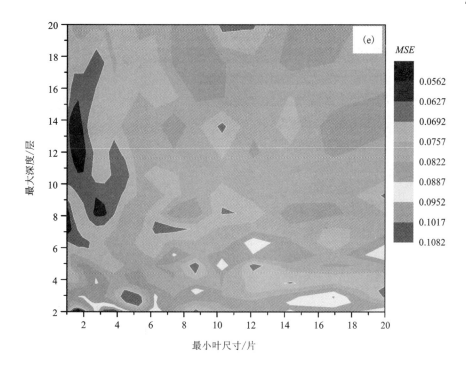

图 5 - 6　不同参数组合下的模型预测误差（彩图版见附录）

（a）人工神经网络神经元数量与训练次数的参数组合预测结果；（b）人工神经网络学习率和动量项的参数组合预测结果；（c）支持向量机伽马和惩罚因子参数组合预测结果；（d）随机森林分类树数目和特征向量数目参数组合预测结果；（e）随机森林最大深度和最小叶片数量参数组合预测结果

5.3.2　滑坡影响图层的权重分析

　　研究区 13 类输入信息图层的影响因子权重如图 5 - 7 所示，该权重由信息增益值决定。从图中可知，虽然各影响因子在不同的预测模型中表现出不同的权重，但它们的权重排序是极为相似的。在所有关联图层中，到道路的距离对模型的训练过程影响最大，表明研究区的滑坡可能与近年来雅江县道路建设工程频繁密切相关，道路建设的过程中的削坡或者堆载形成了一系列的边坡，在降雨或地震的影响下易于诱发滑坡。土壤类型、地形湿度指数、土地利用三类图层也具有较高的影响权重。地层岩性和到断裂的距离在所有模型的训练过程中都影响很小，说明本区滑坡与岩性和构造等地质条件的关联很弱，这与本区地层岩性相对单一、地质条件差异不明显的事实相符合。

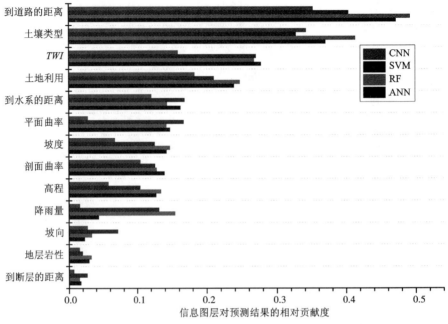

图 5 - 7　信息图层对滑坡预测模型的权重贡献(彩图版见附录)

5.3.3　模型精度评价与分析

混淆矩阵显示了四种机器学习模型在训练和验证数据集上分类性能的差异(表 5 - 3、表 5 - 4、表 5 - 5 和表 5 - 6),从中可以看出随机森林和卷积神经网络模型在训练过程表现突出,正确分类率可以达到100%或者接近100%,并且在模型验证过程中也有出色的分类表现;与之相对,支持向量机模型在训练和验证过程的预测性能均不理想,尤其在验证过程中错误分类了超过1/4的滑坡样本。在混淆矩阵的基础上,得到模型的各种分类精度指标(见表 5 - 7)。随机森林模型具有最高的敏感性(96.88%),指示了96.88%的滑坡点被正确分类,其次是卷积神经网络模型(96.09%),人工神经网络模型(93.75%)和支持向量机模型(91.40%);卷积神经网络模型的特异度达到了98.44%,说明98.44%的非滑坡点都被正确识别为非滑坡点,随机森林、人工神经网络以及支持向量机模型的特异度分别为91.41%、90.63%和93.75%;卷积神经网络模型达到了98.40%的正样本预测值,说明了预测为滑坡的样本中93.60%为真实的滑坡点;随机森林模型具有最高的负样本预测值(96.69%),说明被分类为非滑坡点的样本里有96.69%为真实的非滑坡点;卷积神经网络模型有最高的预测准确度,合计正确分类了 97.27% 的滑坡点和非滑坡点。

表 5 – 3　支持向量机模型训练与验证过程的混淆矩阵

	训练数据集		验证数据集	
	滑坡点	非滑坡点	滑坡点	非滑坡点
预测为滑坡点	89	5	28	3
预测为非滑坡点	1	85	10	35

表 5 – 4　人工神经网络模型训练与验证过程的混淆矩阵

	训练数据集		验证数据集	
	滑坡点	非滑坡点	滑坡点	非滑坡点
预测滑坡点	90	5	30	7
预测非滑坡点	0	85	8	31

表 5 – 5　随机森林模型训练与验证过程的混淆矩阵

	训练数据集		验证数据集	
	滑坡点	非滑坡点	滑坡点	非滑坡点
预测滑坡点	90	3	34	8
预测非滑坡点	0	87	4	30

表 5 – 6　卷积神经网络模型训练与验证过程的混淆矩阵

	训练数据集		验证数据集	
	滑坡点	非滑坡点	滑坡点	非滑坡点
预测滑坡点	90	0	33	2
预测非滑坡点	0	90	5	36

表 5 – 7　机器学习方法的分类精度

指标	支持向量机	人工神经网络	随机森林	卷积神经网络
敏感性	91.40%	93.75%	96.88%	96.09%
特异度	93.75%	90.63%	91.41%	98.44%
正样本预测值	93.60%	90.91%	91.85%	98.40%
负样本预测值	91.60%	93.55%	96.69%	96.18%
准确度	92.57%	92.19%	94.14%	97.27%

四种机器学习算法的 *ROC* 曲线如图 5 - 8 所示，从图中可以看出，卷积神经网络模型的预测性能最好，*AUC* 值高达 0.9905，其次为随机森林模型（*AUC* = 0.9217），人工神经网络模型（*AUC* = 0.9048）和支持向量机模型（*AUC* = 0.8937）的预测性能稍差。

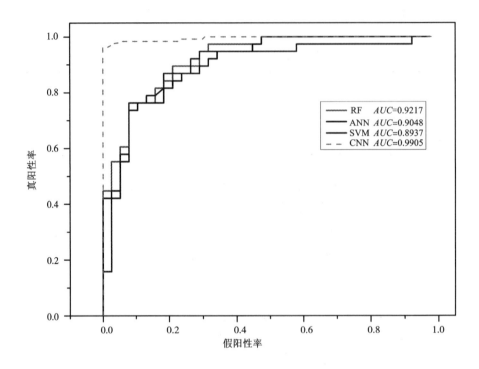

图 5 - 8 预测模型 *ROC* 曲线及 *AUC* 值（彩图版见附录）

从算法评价上来说，本次研究采用的四种机器学习算法都达到了令人满意的预测准确度。但与成矿预测类似，滑坡预测不仅要达到尽可能高的准确度，同时还需要尽可能地缩小预测的目标靶区，才能提高后续滑坡详细排查和防治工作的效率。本章同样采用成功率曲线来衡量模型的预测效率：从高到底选取不同的概率作为阈值，统计大于阈值的目标区域的面积和其中包含已知滑坡点的数量，绘制成功率曲线图。在该图中，特定线段的斜率可以反映该概率区间的预测效率。四种机器学习模型的成功率曲线见图 5 - 9，从图中可知，随机森林模型的成功率曲线明显位于其他三种模型成功率曲线的上方，意味着在相同的圈定面积内随机森林模型可以捕获最多的已知滑坡点；换而言之，要达到相同的预测成功率，随机森林模型所需圈定的面积最小。

由于成功率曲线的斜率可以有效地识别模型概率区间的预测效率,可将斜率变化的转折点作为滑坡敏感性区划的阈值:在一个合理的预测模型中,高敏区具有最高的概率,理应捕获最多的已知滑坡点,表现出最高的预测效率。根据以上认识可以在四种预测模型中标识了高、中、低敏感区的阈值,有效地进行滑坡敏感性分区。预测效率最高的随机森林模型的高敏感区占研究区 6% 的面积,捕获了 79.1% 的已知滑坡点。预测效率次高的为卷积神经网络模型,高敏感区以 7.86% 的圈定面积捕获 64.71% 的已知滑坡点,人工神经网络和支持向量机的高敏感区预测效率稍低,分别以 9.06% 和 7.86% 的圈定面积捕获 60.44% 和 50.86% 的已知滑坡点。

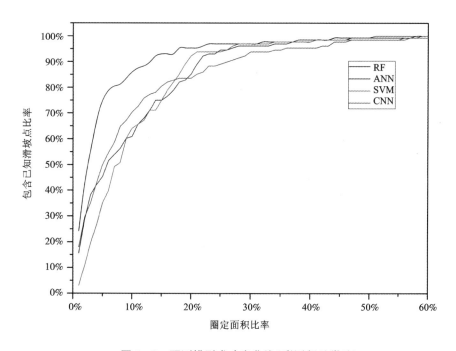

图 5 - 9　预测模型成功率曲线(彩图版见附录)

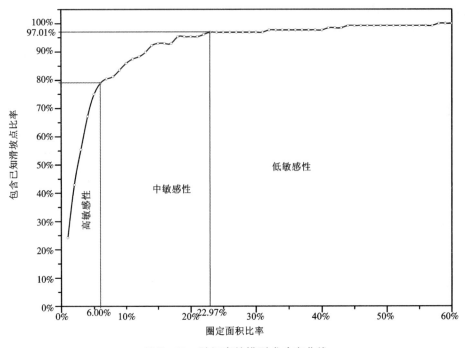

图 5 – 10　随机森林模型成功率曲线

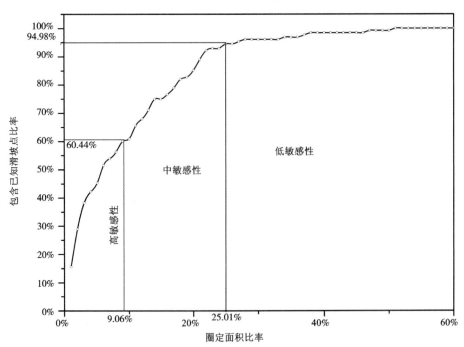

图 5 – 11　人工神经网络模型成功率曲线

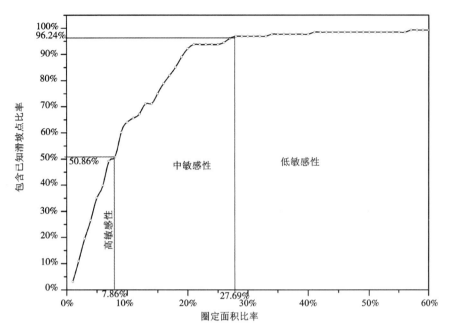

图 5 - 12 支持向量机模型成功率曲线

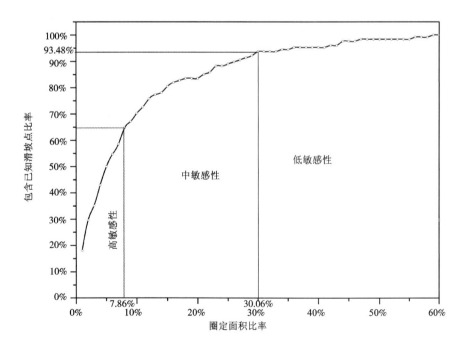

图 5 - 13 卷积神经网络模型成功率曲线

5.3.4 滑坡敏感性评价结果与讨论

四种机器学习模型生成的敏感性评价图见图 5 - 14 ~ 图 5 - 17，我们选择随机森林模型生成的敏感性评价图作为最终的预测成果图，原因如下：（1）随机森林模型具有最稳定的模型训练过程，训练结果对于参数的配置最不敏感，可以最大程度地减小参数选取不当对预测结果精度的影响；（2）随机森林模型具有仅次于卷积神经网络模型的分类精度，随机森林模型中采用的随机选取初始数据和随机选取特征的方案可以增加随机森林的多样性，有效避免过拟合的发生，从而保证了预测的高准确度；（3）随机森林模型具有最高的预测效率，特别是对高敏感区的预测效率显著高于其他三种模型，这表明随机森林模型可以以最小的面积捕获最多的已知滑坡点，那么在其高敏感区中发现其他滑坡易发点的可能性也应最高。卷积神经网络模型具有最高的分类精度和次高的预测效率，可以作为备选的预测模型，为特定区域的滑坡敏感性评价提供有益的补充。

本章采用了卷积神经网络的机器学习模型，该模型属于深度学习的范畴，是当前人工智能领域的研究热点之一。虽然卷积神经网络模型在分类精度上的表现接近完美，成功分类了 258 个目标样本中的 251 个，但该模型在预测效率上的表现不如随机森林模型，而模型的预测效率是滑坡预测中应优先考虑的指标，因此我们最终选择随机森林模型建立最终的滑坡敏感性区划图。此外，不同滑坡类型的形成机理不同，影响因素也有差异。本次研究没有对滑坡点进行分类研究，会在一定程度上影响对研究区滑坡敏感性的地质解译，在后续研究中应进行细化分类，进一步提高模型的适用性和可解译性。就研究区而论，地震是形成滑坡的主要诱因之一，地震因素应纳入滑坡敏感性评估体系，但由于本次研究利用的滑坡数据没有发生时间的历史记录，很难对某次具体地震的滑坡响应进行评估，因此本次研究主要研究和讨论在常规影响因子作用之下的非时间序列的滑坡样本的预测机制。关于地震诱发滑坡的研究工作，可在本次研究采用的 13 个影响因子图层基础之上，加入某次地震（如 2008 年汶川地震，2017 年九寨沟地震）的震后烈度图，并通过震前震后的高精度影像识别地震诱发的滑坡样本，补充完成地震诱发滑坡敏感性的专题研究。

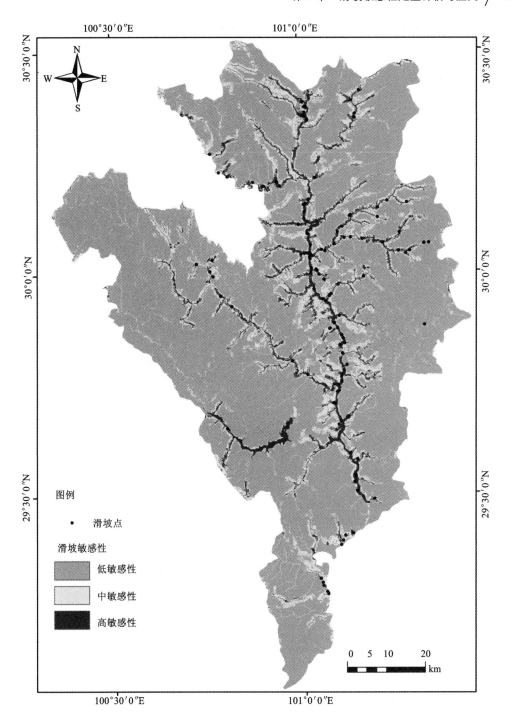

图 5 - 14　随机森林滑坡敏感性预测图(彩图版见附录)

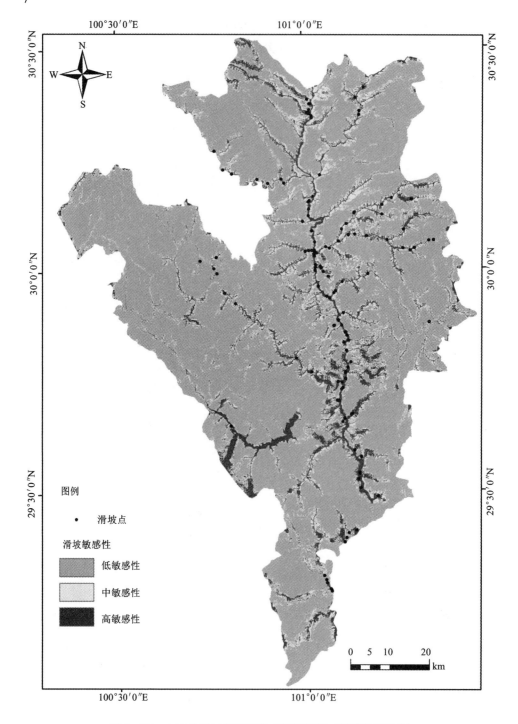

图 5 - 15 人工神经网络滑坡敏感性预测图(彩图版见附录)

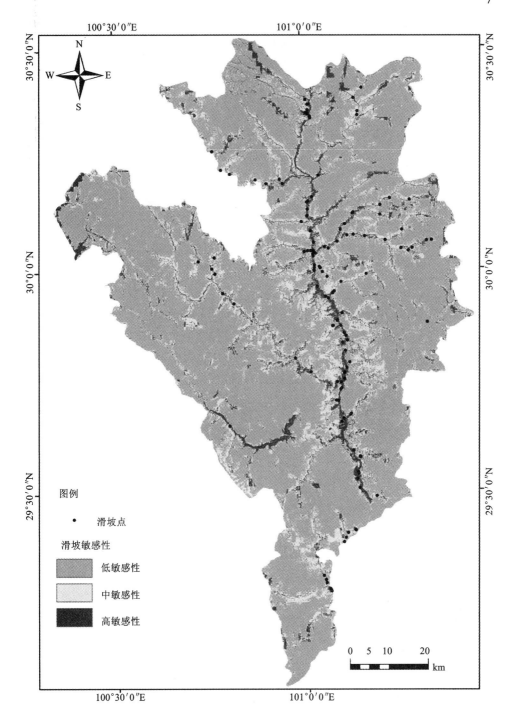

图 5 – 16　支持向量机滑坡敏感性预测图(彩图版见附录)

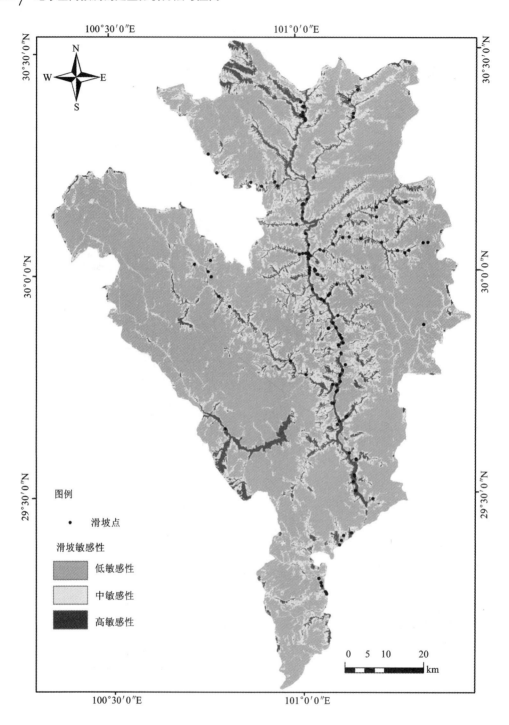

图5-17 卷积神经网络滑坡敏感性预测图(彩图版见附录)

第6章 结论

本书采用了一系列定量空间分析方法刻画地学系统的空间结构及地质要素间的空间相关度，在此基础上用机器学习算法构建定量预测模型，进行相关领域的空间预测，在赣南钨矿集区、铜陵铜矿集区和四川雅江县的空间预测实践应用中，预测模型都取得的良好的成效，具体的研究成果概括如下：

（1）由于地学系统的高度复杂性，不同的空间分析方法往往只能定量刻画地学系统某一方面的属性，在应用过程中必须经过多种方法的综合对比、互相论证才能全面而准确地反映目标地质要素的空间分布模式。而在空间预测的应用层面，不同的研究区具有迥异的成矿/滑坡诱发因素和形成条件组合，不同模型对成矿/滑坡过程的反映和对控制因子图层的权重赋值也不尽相同，因此同样需要建立多个预测模型，并对这些预测模型进行预测性能的综合评估和论证，才能确定特定研究区的最佳预测模型，获得最好的预测效果。

（2）分形分析和证据权重分析可以从定量的角度揭示地质要素与矿点的内在空间联系。在赣南钨矿集区成矿相关度的研究中，数盒子法获取的盒维数指示了绝大多数钨矿点都分布在断裂和断裂交点高分维值的区域，表明构造模式复杂度高的地区往往是成矿有利部位。证据权重分析获得的 C 值和 C_s 值则用来评估研究区内各种地质要素对成矿的约束，分析结果表明钨地球化学异常、区域断裂、燕山期花岗岩和锰地球化学异常具有较高的 C 值和 C_s 值，指示了这些地质要素的重要控矿作用。除了区内被广为认可的构造和岩浆岩控矿作用之外，锰异常与矿点分布的强空间关联可能揭示了一直被忽略的地层要素对黑钨矿形成的贡献。最终的成矿潜力评价图结合了分形分析和证据权重分析的结果，证据权重法计算得到的高成矿概率区与断裂和断裂交点高分维值区的交集部位是最有成矿潜力的区域。

（3）综合运用多种定量分析方法评价并筛选出最能反映成矿过程的勘查要素，在此基础上运用机器学习算法进行定量成矿预测可以为区域找矿勘查提供重要的工作靶区。在铜陵铜矿集区定量成矿预测的研究中，本书采用了分形分析、

Fry 分析、距离分布分析和证据权重分析全面评估了各种地质要素对矿点空间分布的制约作用，分析结果表明白垩纪侵入岩是区内最重要的控矿要素，其次是 EW 向基底断裂。铜矿点在不同尺度上迥异的分布模式是由作用在多尺度上的不同控矿机制决定的：EW 向断裂是连接成矿期岩浆从深部源区向浅部汇聚区流动的重要通道，在区域尺度上控制了成矿期岩浆岩的侵位和相关铜矿化的空间分布；在矿床尺度上，发育在沉积盖层中的层间剪切带和滑脱带则作为流体汇聚和矿质沉淀的重要场所，成为有利的赋矿部位。在以上认识的基础上，采用成矿系统分析法将研究区矽卡岩型铜矿床的理论模型转化为 12 个具体反映成矿物质起源、运移、汇聚和沉淀关键过程的预测信息图层，采用人工神经网络、支持向量机和随机森林算法训练预测模型，采用基于混淆矩阵的评估参数、ROC 曲线和成功率曲线评估模型的综合预测性能，结果表明三种机器学习模型都达到了令人满意的分类预测精度，其中随机森林模型具有最高的预测稳定度、准确度和效率，因此将随机森林预测模型生成的成矿预测图作为最终的预测成果图，预测模型圈定的成矿潜力区以 13.97% 的面积捕获了 80.95% 的已知矿点。

(4)滑坡敏感性评价是进行滑坡灾害防治的基础工作和有效途径。在四川省雅江县的滑坡敏感性评价研究中，本书集成了地形、地质、水文、土地状况和人为因素 5 方面的 13 个影响因子图层，建立了包含 129 个滑坡点的空间数据集，采用支持向量机、人工神经网络、随机森林和卷积神经网络四种机器学习算法进行了预测模型的训练、验证和评估。模型训练结果表明随机森林模型具有最好的预测稳定性和泛化能力，混淆矩阵和 ROC 曲线指示了卷积神经网络和随机森林模型具有最高的分类精度，成功率曲线则表明随机森林模型具有最高的预测效率。综合模型稳定性、分类精度和预测效率，将随机森林模型生成的滑坡敏感性评价图作为最终的预测成果，预测模型划分的高敏感区以 6% 的面积捕获了 79.1% 的已知滑坡点。

(5)在空间预测的应用过程中，由于采用的算法本身都是成熟的，本书认为获取可靠预测结果的关键在于地学认识和预测算法的结合。模型输入数据集应在地质认识模型的指导下，通过系统的分析方法将理论模型转化为空间要素模型，选取最能反映成矿/滑坡过程的指示要素；模型的训练过程应足够稳健，并根据应用领域的实际情况选择和优化参数范围；模型验证过程中模型的实际预测性能和效率的评价权重应高于算法本身分类能力的权重，最终的预测成果应进行各种地质解译，解译结果应符合现有的地学认识。

参 考 文 献

［1］ Afzal P, Alghalandis Y F, Khakzad A, et al. Delineation of mineralization zones in porphyry Cu deposits by fractal concentration – volume modeling［J］. Journal of Geochemical Exploration, 2011, 108: 220 – 232.

［2］ Agterberg F P, Bonham – Carter G F, Wrigh D F. Statistical pattern integration for mineral exploration［C］. InComputer Application in Resource Estimation Prediction and Assessment for Metals and Petroleum; Gaal, G. , Merriam, D. F. , Eds. New York: Pergamon, 1990: 1 – 21.

［3］ Agterberg F P, Cheng Q. Conditional Independence Test for Weights – of – Evidence Modelling ［J］. Natural Resources Research, 2002, 11: 249 – 255.

［4］ Agterberg F P. Fractals and Spatial Statistics of Point Patterns［J］. Journal of Earth Science, 2013, 24: 1 – 11.

［5］ Allek K, Boubaya D, Bouguern A, et al. Spatial association analysis between hydrocarbon fields and sedimentary residual magnetic anomalies using Weights of Evidence: An example from the Triassic Province of Algeria［J］. Journal of Applied Geophysics, 2016, 135: 100 – 110.

［6］ Almasi A, Yousefi M, Carranza E J M. Prospectivity analysis of orogenic gold deposits in Saqez – Sardasht Goldfield, Zagros Orogen, Iran［J］. Ore Geology Reviews, 2017, 91: 1066 – 1080.

［7］ Asadi H H, Hale M. A predictive GIS model for mapping potential gold and base metal mineralization in Takab area, Iran［J］. Computers & Geosciences, 2001, 27: 901 – 912.

［8］ Austin J R, Blenkinsop T G. Local to regional scale structural controls on mineralisation and the importance of a major lineament in the eastern Mount Isa Inlier, Australia: Review and analysis with autocorrelation and weights of evidence［J］. Ore Geology Reviews, 2009, 35: 298 – 316.

［9］ Badel M, Angorani S, Shariat Panahi M. The application of median indicator kriging and neural network in modelling mixed population in an iron ore deposit［J］. Computer & Geosciences, 2011, 37: 530 – 540.

［10］ Berman M. Distance distributions associated with poisson processes of geometric figures［J］. Journal of Applied Probability, 1977, 14: 195 – 199.

［11］ Berman M. Testing for spatial association between a point process and another stochastic process ［J］. Journal of The Royal Statistical Society Series C – Applied Statistics, 1986, 35: 54 – 62.

[12] Bonham - Carter G F. Geographic Information System for Geoscientists, Modeling with GIS [M]. New York: Pergamon, 1994.

[13] Breiman L, Friedman J, Stone C J, et al. Classification and Regression Trees[M]. London: Chapman and Hall/CRC, 1984.

[14] Breiman L. Random Forests[J]. Machine Learning, 2001, 45: 5 - 32.

[15] Bui D T, Tuan T A, Klempe H, et al. Spatial prediction models for shallow landslide hazards: a comparative assessment of the efficacy of support vector machines, artificial neural networks, kernel logistic regression, and logistic model tree[J]. Environmental Earth Sciences, 2016, 13: 361 - 378.

[16] Burges C J C, Fayyad U. A Tutorial on Support Vector Machines for Pattern Recognition[J]. Data Mining and Knowledge Discovery, 1998, 2(2): 121 - 167.

[17] Cao Y, Zheng Z, Du Y, et al. Ore geology and fluid inclusions of the Hucunnan deposit, Tongling, Eastern China: Implications for the separation of copper and molybdenum in skarn deposits[J]. Ore Geology Reviews, 2017, 81: 925 - 939.

[18] Carranza E J M, Hale M, Faassen C. Selection of coherent deposit - type locations and their application in data - driven mineral prospectivity mapping[J]. Ore Geology Reviews, 2008b, 33: 536 - 558.

[19] Carranza E J M, Laborte A G. Data - driven predictive mapping of gold prospectivity, Baguio district, Philippines: Application of Random Forests algorithm[J]. Ore Geology Reviews, 2015, 71: 777 - 787.

[20] Carranza E J M, Owusu E A, Hale M. Mapping of prospectivity and estimation of number of undiscovered prospects for lode gold, southwestern Ashanti Belt, Ghana[J]. Mineralium Deposita, 2009, 44: 915 - 938.

[21] Carranza E J M, van Ruitenbeek F J A, Hecker C, et al. Knowledge - guided data - driven evidential belief modeling of mineral prospectivity in Cabo de Gata, SE Spain[J]. International Journal of Applied Earth Observation and Geoinformation, 2008a, 10: 374 - 387.

[22] Carranza E J M. Controls on mineral deposit occurrence inferred from analysis of their spatial pattern and spatial association with geological features[J]. Ore Geology Reviews, 2009a, 35: 383 - 400.

[23] Carranza E J M. Developments in GIS - based mineral prospectivity mapping: An overview[C]. In Proceedings of the Mineral Prospectivity, Current Approaches and Future Innovations, Orléans, France, 2017: 24 - 26.

[24] Carranza E J M. Geocomputation of mineral exploration targets[J]. Computer & Geosciences,

2011, 37: 1907 –1916.

[25] Carranza E J M. Objective selection of suitable unit cell size in data – driven modeling of mineral prospectivity[J]. Computer & Geosciences, 2009b, 35: 2032 –2046.

[26] Carranza E J M. Weights of Evidence Modelling of Mineral Potential: A Case Study Using Small Number of Prospects, Abra, Philippines[J]. Natural Resources Research, 2004, 13: 173 –187.

[27] Castañón C, Arias D, Diego I, Martin – lzard A, et al. Minerals Resource and Reserve Calculation in Seam – Shaped Mineral Deposits: A New Approach: "The Pentahedral Method" [J]. Minerals, 2017, 7: 72.

[28] Celik U, Basarir C. The Prediction of Precious Metal Prices via Artificial Neural Network by Using RapidMiner[J]. Alphanumeric Journal, 2017, 5(1): 45 –54.

[29] Chauvet A, Piantone P, Barbanson L, et al. Gold deposit formation during collapse tectonics: Structural, mineralogical, geochronological, and fluid inclusion constraints in the Ouro Preto Gold Mines, Quadrilátero Ferrífero, Brazil[J]. Economic Geology, 2001, 96: 25 –48.

[30] Chen G X, Cheng Q M, Zuo R G, et al. Identifying gravity anomalies caused by granitic intrusions in Nanling mineral district, China: A multifractal perspective[J]. Geophysical Prospecting, 2015, 63: 256 –270.

[31] Chen W, Peng J, Hong H, et al. Landslide susceptibility modelling using GIS – based machine learning techniques for Chongren County, Jiangxi Province, China[J]. Science of the Total Environment, 2018, 626: 1121 –1135.

[32] Chen Y, Wu W. Mapping mineral prospectivity by using one – class support vector machine to identify multivariate geological anomalies from digital geological survey data[J]. Australian Journal of Earth Sciences, 2017, 64: 639 –651.

[33] Cheng Q M, Agterberg F P, Ballantyne S B. The separation of geochemical anomalies from background by fractal methods[J]. Journal of Geochemical Exploration, 1994, 51: 109 –130.

[34] Cheng Q M, Agterberg F P. Fuzzy weights of evidence method and its application in mineral potential mapping[J]. Natural Resources Research, 1999, 8: 27 –35.

[35] Cheng Q M. Non – Linear Theory and Power – Law Models for Information Integration and Mineral Resources Quantitative Assessments[J]. Mathematical Geosciences, 2008, 40: 503 –532.

[36] Ciampalini A, Raspini F, Lagomarsino D, et al. Landslide susceptibility map refinement using PSIn SAR data[J]. Remote Sensing of Environment, 2016, 184: 302 –315.

[37] Cox S F, Knackstedt M A, Braun J. Principles of structural control on permeability and fluid

flow in hydrothermal systems[J]. Reviews in Economic Geology, 2001, 14: 1 – 24.

[38] David G H, Reynolds S J, Kluth C F. Structural Geology of Rocks and Regions [M]. Westwood: JohnWiley & Sons, Inc., 2011.

[39] Deng J, Huang D H, Wang Q F, et al. Formation mechanism of "drag depressions" and irregular boundaries in intraplate deformation[J]. Acta Geologica Sinica, 2004, 78: 267 – 272.

[40] Deng J, Wang Q, Huang D, et al. Transport network and flow mechanism of shallow ore – bearing magma in Tongling ore cluster area[J]. Science China – Earth Sciences, 2006, 49: 397 – 407.

[41] Deng J, Wang Q, Xiao C, et al. Tectonic – magmatic – metallogenic system, Tongling ore cluster region, Anhui Province, China [J]. International Geology Review, 2011, 53: 449 – 476.

[42] Dou J, Yunus A P, Bui D T, et al. Assessment of advanced random forest and decision tree algorithms for modeling rainfall – induced landslide susceptibility in the Izu – Oshima Volcanic Island, Japan[J]. Science of the Total Environment, 2019, 662: 332 – 346.

[43] Du Y L, Deng J, Cao Y, et al. Petrology and geochemistry of Silurian – Triassic sedimentary rocks in the Tongling region of Eastern China: Their roles in the genesis of large stratabound skarn ore deposits[J]. Ore Geology Reviews, 2015, 67: 255 – 263.

[44] Fang G C, Chen Z H, Chen Y H, et al. Geophysical investigation of the geology and structure of the Pangushan – Tieshanlong tungsten ore field, South Jiangxi, China – Evidence for site – selection of the 2000 – m Nanling Scientific Drilling Project (SP – NLSD – 2) [J]. Journal of Asian Earth Sciences, 2015, 110: 10 – 18.

[45] Feng C Y, Zeng Z L, Zhang D Q, et al. SHRIMP zircon U – Pb and molybdenite Re – Os isotopic dating of the tungsten deposits in the Tianmenshan – Hongtaoling W – Sn orefield, southern Jiangxi Province, China, and geological implications[J]. Ore Geology Reviews, 2011, 43: 8 – 25.

[46] Ford A, Blenkinsop T G. Combining fractal analysis of mineral deposit clustering with weights of evidence to evaluate patterns of mineralization: Application to copper deposits of the Mount Isa Inlier, NW Queensland, Australia[J]. Ore Geology Reviews, 2008, 33: 435 – 450.

[47] Fry N. Random point distributions and strain measurements in rocks [J]. Tectonophysics, 1979, 60: 69 – 105.

[48] Gao Y, Zhang Z, Xiong Y, et al. Mapping mineral prospectivity for Cu polymetallic mineralization in southwest Fujian Province, China[J]. Ore Geology Reviews, 2016, 75: 16 – 28.

[49] Ghorbanzadeh O, Blaschke T, Gholamnia K, et al. Evaluation of Different Machine Learning

Methods and Deep – Learning Convolutional Neural Networks for Landslide Detection [J]. Remote Sensing, 2019, 11(196): 1 – 21.

[50] Goetz J N, Brenning A, Petschko H, et al. Evaluating machine learning and statistical prediction techniques for landslide susceptibility modeling [J]. Computers & Geosciences, 2015, 81: 1 – 11.

[51] Gumiel P, Sanderson D J, Arias M, et al. Analysis of the fractal clustering of ore deposits in the Spanish Iberian Pyrite Belt[J]. Ore Geology Reviews, 2010, 38: 307 – 318.

[52] Guo J T, Wu L X, Zhou W H, et al. Towards Automatic and Topologically Consistent 3D Regional Geological Modeling from Boundaries and Attitudes[J]. ISPRS International Journal of Geo – Information, 2016, 5: 17.

[53] Haddad – Martim P M, Filho C R D S, Carranza E J M. Spatial analysis of mineral deposit distribution: A review of methods and implications for structural controls on iron oxide – copper – gold mineralization in Carajás, Brazil[J]. Ore Geology Reviews, 2017, 81: 230 – 244.

[54] Hagemann S G, Lisitsin V A, Huston D L. Mineral system analysis: Quo vadis [J]. Ore Geology Reviews, 2016, 76: 504 – 522.

[55] He Q F, Shahabi H, ShirzadiA, et al. Landslide spatial modelling using novel bivariate statistical based Naïve Bayes, RBF Classifier, and RBF Network machine learning algorithms [J]. Science of the Total Environment, 2019, 663: 1 – 15.

[56] Hengl T. Finding the right pixel size[J]. Computer & Geosciences, 2006, 32: 1283 – 1298.

[57] Hou Z Q, Yang Z S, Meng Y F, et al. Geological fluid mapping in the Tongling area: Implication for the Paleozoic submarine hydrothermal system in the Middle – Lower Yangtze metallogenic belt, east China[J]. Acta Geologica Sinica, 2007, 81: 833 – 860.

[58] Hu R Z, Chen W T, Xu D R, et al. Reviews and new metallogenic models of mineral deposits in South China: An introduction[J]. Journal of Asian Earth Sciences, 2017, 137: 1 – 8.

[59] Huang C, Davis L S, Townshend J R G. An assessment of support vector machines for land cover classification[J]. International Journal of Remote Sensing, 2002, 23: 725 – 749.

[60] Jaafari A, Panahi M, Pham B T, et al. Meta optimization of an adaptive neuro – fuzzy inference system with grey wolf optimizer and biogeography – based optimization algorithms for spatial prediction of landslide susceptibility[J]. Catena, 2019, 175: 430 – 445.

[61] Joly A, Porwal A, McCuaig T C, et al. Mineral systems approach applied to GIS – based 2D – prospectivity modelling of geological regions: Insights from Western Australia[J]. Ore Geology Reviews, 2015, 71: 673 – 702.

[62] Joly A, Porwal A, Mccuaig T C. Exploration targeting for orogenic gold deposits in the Granites

– Tanami Orogen：Mineral system analysis, targeting model and prospectivity analysis[J]. Ore Geology Reviews, 2012, 48：349 – 383.

[63] Kreuzer O P, Etheridge M A, Guj P, et al. Linking mineral deposit models to quantitative risk analysis and decision – making in exploration[J]. Economic Geology, 2008, 103：829 – 850.

[64] Kreuzer O P, Markwitz V, Porwal A K, et al. A continent – wide study of Australia's uranium potential[J]. Ore Geology Reviews, 2010, 38：334 – 366.

[65] Kreuzer O P, Miller A V M, Peters K J, et al. Comparing prospectivity modelling results and past exploration data：A case study of porphyry Cu – Au mineral systems in the Macquarie Arc, Lachlan Fold Belt, New South Wales[J]. Ore Geology Reviews, 2015, 71：516 – 544.

[66] Kruhl J H. Fractal – geometry techniques in the quantification of complex rock structures：A special view on scaling regimes, inhomogeneity and anisotropy [J]. Journal of Structural Geology, 2013, 46：2 – 21.

[67] Kumar D, Thakur M, Dubey C S, et al. Landslide susceptibility mapping & prediction using Support Vector Machine for Mandakini River Basin, Garhwal Himalaya, India [J]. Geomorphology, 2017, 295：115 – 125.

[68] Kwelwa S D, Dirks P H G M, Sanislav I V, et al. Archaean gold mineralization in an extensional setting：The structural history of the Kukuluma and Matandani Deposits, Geita Greenstone Belt, Tanzania[J]. Minerals, 2018, 8：171.

[69] Lary D J, Alavi A H, Gandomi A H, et al. Machine learning in geosciences and remote sensing [J]. Geoscience Frontiers, 2016, 7：3 – 10.

[70] Lecumberri – Sanchez P, Vieira R, Heinrich C A, et al. Fluid – rock interaction is decisive for the formation of tungsten deposits[J]. Geology, 2017, 45：579 – 582.

[71] LeCun Y, Bengio Y, Hinton G. Deep Learning[J]. Nature, 2015, 521：436 – 444.

[72] Lee J, Jang H, Yang J, et al. Machine Learning Classification of Buildings for Map Generalization[J]. ISPRS International Journal of Geo – Information, 2017a, 6：309.

[73] Lee J, Sameen M I, Pradhan B, et al. Modeling landslide susceptibility in data – scarce environments using optimized data mining and statistical methods[J]. Geomorphology, 2018, 303：284 – 298.

[74] Lee S, Hong S, Jung H. A Support Vector Machine for Landslide Susceptibility Mapping in Gangwon Province, Korea[J]. Sustainability, 2017b, 9(48)：1 – 15.

[75] Li S, Yang X, Huang Y, et al. Petrogenesis and mineralization of the Fenghuangshan skarn Cu – Au deposit, Tongling ore cluster field, Lower Yangtze metallogenic belt[J]. Ore Geology Reviews, 2014, 58：148 – 162.

[76] Li X H, Yuan F, Zhang M M, et al. Three – dimensional mineral prospectivity modeling for targeting of concealed mineralization within the Zhonggu iron orefield, Ningwu Basin, China [J]. Ore Geology Reviews, 2015, 71: 633 – 654.

[77] Li Y, Li J W, Li X H, et al. An Early Cretaceous carbonate replacement origin for the Xinqiao stratabound massive sulfide deposit, Middle – Lower Yangtze Metallogenic Belt, China[J]. Ore Geology Reviews, 2017, 80: 985 – 1003.

[78] Liu C, Berry P M, Dawson T P, et al. Selecting thresholds of occurrence in the prediction of species distributions[J]. Ecography, 2005a, 28: 385 – 393.

[79] Liu L M, Sun T, Zhou R C. Epigenetic genesis and magmatic intrusion's control on the Dongguashan stratabound Cu – Au deposit, Tongling, China: Evidence from field geology and numerical modeling[J]. Journal of Geochemical Exploration, 2014, 144: 97 – 114.

[80] Liu L M, Wan C L, Zhao C B, et al. Geodynamic constraints on orebody localization in the Anqing orefield, China: Computational modeling and facilitating predictive exploration of deep deposits[J]. Ore Geology Reviews, 2011, 43: 249 – 263.

[81] Liu L M, Yang G Y, Peng S L, et al. Numerical modeling of coupled geodynamical processes and its role in facilitating predictive ore discovery: An example from Tongling, China[J]. Resource Geology, 2005b, 55: 21 – 31.

[82] Liu L M, Zhao Y L, Zhao C B. Coupled geodynamics in the formation of Cu skarn deposits in the Tongling – Anqing district, China: Computational modeling and implications for exploration [J]. Journal of Geochemical Exploration, 2010, 106: 146 – 155.

[83] Liu Y, Zhou K, Zhang N, et al. Maximum entropy modeling for orogenic gold prospectivity mapping in the Tangbale – Hatu belt, western Junggar, China[J]. Ore Geology Reviews, 2018a, 100: 133 – 147.

[84] Liu Z F, Shao Y J, Wang C, et al. Genesis of the Dongguashan skarn Cu – (Au) deposit in Tongling, Eastern China: Evidence from fluid inclusions and H – O – S – Pb isotopes[J]. Ore Geology Reviews, 2019, 104: 462 – 476.

[85] Liu Z F, Shao Y J, Wei H T, et al. Rock – forming mechanism of Qingshanjiao intrusion in Dongguashan copper (gold) deposit, Tongling area, Anhui province, China[J]. Transactions of Nonferrous Metals Society of China, 2016, 26: 2449 – 2461.

[86] Liu Z F, Shao Y J, Zhang Y, et al. Geochemistry and geochronology of the Qingshanjiao granites: Implications for the genesis of the Dongguashan copper (gold) ore deposit in the Tongling ore district, Eastern China[J]. Ore Geology Reviews, 2018b, 99: 42 – 57.

[87] Mandelbrot B B. Fractals: Form, Chances and Dimension [M]. New York: W. H.

Freeman, 1977.

[88] Mandelbrot B B. The Fractal Geometry of Nature: Updated and Augmented; W. H[J]. New York: W. H. Freeman, 1983.

[89] Manuel R, Brito M, Chichorro M, Rosa C. Remote Sensing for Mineral Exploration in Central Portugal[J]. Minerals, 2017, 7: 184.

[90] Mao J W, Cheng Y B, Chen M H, et al. Major types of time – space distribution of Mesozoic ore deposits in South China and their geodynamic settings[J]. Mineralium Deposita, 2013, 48: 267 – 294.

[91] Mao J W, Xie G Q, Duan C, et al. A tectono – genetic model for porphyry – skarn – stratabound Cu – Au – Mo – Fe and magnetite – apatite deposits along the Middle – Lower Yangtze River Valley, Eastern China[J]. Ore Geology Reviews, 2011, 43: 294 – 314.

[92] Mao J W, Xie G Q, Guo C L, et al. Large – scale tungsten – tin mineralization in the Nanling region, South China: Metallogenic ages and corresponding geodynamic processes[J]. Acta Petrol. Sin, 2007, 23: 2329 – 2338.

[93] McCuaig T C, Beresford S, Hronsky J. Translating the mineral systems approach into an effective exploration targeting system[J]. Ore Geology Reviews, 2010, 38: 128 – 138.

[94] Mehrabi B, Ghasemi S M, Tale F E. Structural control on epithermal mineralization in the Troud – Chah Shirin belt using point pattern and Fry analyses, north of Iran[J]. Geotectonics, 2015, 49: 320 – 331.

[95] Mirzaie A, Bafti S S, Derakhshani R. Fault control on Cu mineralization in the Kerman porphyry copper belt, SE Iran: A fractal analysis[J]. Ore Geology Reviews, 2015, 71: 237 – 247.

[96] Mohammadi N M, Hezarkhani A. Application of support vector machine for the separation of mineralised zones in the Takht – e – Gonbad porphyry deposit, SE Iran[J]. Journal of African Earth Sciences, 2018, 143: 301 – 308.

[97] Murphy K P. Machine Learning: A Probabilistic Perspective [M]. London: The MIT Press, 2012.

[98] Nguyen Q, Bui D T, Hoang N, et al. A Novel Hybrid Approach Based on Instance Based Learning Classifier and Rotation Forest Ensemble for Spatial Prediction of Rainfall – Induced Shallow Landslides Using GIS[J]. Sustainability, 2017, 9(813): 1 – 24.

[99] Nguyen V V, Pham B T, Vu B T, et al. Hybrid Machine Learning Approaches for Landslide Susceptibility Modeling[J]. Forests, 2018, 10(157): 1 – 27.

[100] Nykänen V, Lahti I, Niiranen T, et al. Receiver operating characteristics (ROC) as validation tool for prospectivity models — A magmatic Ni – Cu case study from the Central Lapland

Greenstone Belt, Northern Finland[J]. Ore Geology Reviews, 2015, 71: 853 – 860.

[101] Nykänen V, Niiranen T, Molnár F, et al. Optimizing a Knowledge – driven Prospectivity Model for Gold Deposits Within Peräpohja Belt, Northern Finland[J]. Natural Resources Research, 2017, 26: 571 – 584.

[102] Nykänen V, Ojala V J. Spatial Analysis Techniques as Successful Mineral – Potential Mapping Tools for Orogenic Gold Deposits in the Northern Fennoscandian Shield, Finland[J]. Natural Resources Research, 2007, 16: 85 – 92.

[103] Oommen T, Cobin P F, Gierke J S, et al. Significance of variable selection and scaling issues for probabilistic modeling of rainfall – induced landslide susceptibility[J]. Spatial Information Research, 2018, 26(1): 21 – 31.

[104] Pan Y, Dong P. The Lower Changjiang (Yangzi/Yangtze River) metallogenic belt, east central China: intrusion – and wall rock – hosted Cu – Fe – Au, Mo, Zn, Pb, Ag deposits[J]. Ore Geology Reviews, 1999, 15: 177 – 242.

[105] Panda L, Tripathy S K. Performance prediction of gravity concentrator by using artificial neural network – a case study[J]. International Journal of Mining Science and Technology, 2014, 24: 461 – 465.

[106] Parsa M, Maghsoudi A, Yousefi M. Spatial analyses of exploration evidence data to model skarn – type copper prospectivity in the Varzaghan district, NW Iran[J]. Ore Geology Reviews, 2018, 92: 97 – 112.

[107] Partington G. Developing models using GIS to assess geological and economic risk: An example from VMS copper gold mineral exploration in Oman[J]. Ore Geology Reviews, 2010, 38: 197 – 207.

[108] PhamB T, Bui D T, Prakash I, et al. A comparative study of sequential minimal optimization – based support vector machines, vote feature intervals, and logistic regression in landslide susceptibility assessment using GIS[J]. Environmental Earth Sciences, 2017a, 76: 371.

[109] Pham B T, Bui D T, Prakash I, et al. Hybrid integration of Multilayer Perceptron Neural Networks and machine learning ensembles for landslide susceptibility assessment at Himalayan area (India) using GIS[J]. Catena, 2017b, 149: 52 – 63.

[110] Pham B T, Pradhan B, Bui D T, et al. A comparative study of different machine learning methods for landslide susceptibility assessment: A case study of Uttarakhand area (India)[J]. Environmental Modelling & Software, 2016, 84: 240 – 250.

[111] Pham B T, Prakash I, Bui D T. Spatial prediction of landslides using a hybrid machine learning approach based on Random Subspace and Classification and Regression Trees[J].

Geomorphology, 2018, 303: 256 – 270.

[112] Porwal A, Carranza E J M, Hale M. A hybrid neuro – fuzzy model for mineral potential mapping[J]. Mathematical Geology, 2004, 36: 803 – 826.

[113] Porwal A, Carranza E J M, Hale M. Artificial Neural Networks for Mineral – Potential Mapping: A Case Study from Aravalli Province, Western India [J]. Natural Resources Research, 2003, 12: 155 – 171.

[114] Porwal A, Carranza E J M. Introduction to the Special Issue: GIS – based mineral potential modelling and geological data analyses for mineral exploration [J]. Ore Geology Reviews, 2015, 71: 477 – 483.

[115] Porwal A, González – Álvarez I, Markwitz V, et al. Weights – of – evidence and logistic regression modelling of magmatic nickel sulfide prospectivity in the Yilgarn Craton, Western Australia[J]. Ore Geology Reviews, 2010, 38: 184 – 196.

[116] Pourghasemi H R, Gayen A, Park S, et al. Assessment of Landslide – Prone Areas and Their Zonation Using Logistic Regression, Logit Boost, and Naïve Bayes Machine – Learning Algorithms[J]. Sustainability, 2018, 10(3697): 1 – 23.

[117] Pourghasemi H R, Rahmati O. Prediction of the landslide susceptibility: Which algorithm, which precision? [J]. Catena, 2018, 162: 177 – 192.

[118] Prasad J, Venkatesh A S, Sahoo P R, et al. Geological controls on high – grade iron ores from Kiriburu – Meghahatuburu Iron Ore Deposit, Singhbhum – Orissa Craton, Eastern India[J]. Minerals, 2017, 7: 197.

[119] Provost F, Hibert C, Malet J P. Automatic classification of endogenous landslide seismicity using the Random Forest supervised classifier[J]. Geophysical Research Letters, 2017, 44 (1): 113 – 120.

[120] Qin Y, Liu L. Quantitative 3D Association of Geological Factors and Geophysical Fields with Mineralization and Its Significance for Ore Prediction: An Example from Anqing Orefield, China[J]. Minerals, 2018, 8: 300.

[121] Quang – Khanh Nguyen, Dieu Tien Bui, Nhat – Duc Hoang, et al. A Novel Hybrid Approach Based on Instance Based Learning Classifier and Rotation Forest Ensemble for Spatial Prediction of Rainfall – Induced Shallow Landslides Using GIS [J]. Sustainability, 2017, 9, 813.

[122] ReichenbachP, Rossi M, Malamud B D, et al. A review of statistically – based landslide susceptibility models[J]. Earth – Science Reviews, 2018, 180: 60 – 91.

[123] Roberts S, Sanderson D J, Gumiel P. Fractal analysis of Sn – W mineralization from central

Iberia; insights into the role of fracture connectivity in the formation of an ore deposit[J]. Economic Geology, 1998, 93: 360 – 365.

[124] Rodriguez – Galiano V F, Chica – Olmo M, Chica – Rivas M. Predictive modelling of gold potential with the integration of multisource information based on random forest: a case study on the Rodalquilar area, Southern Spain[J]. International Journal of Geographical Information Science, 2014, 28, 1336 – 1354.

[125] Rodriguez – Galianoa V, Sanchez – Castillob M, Chica – Olmoc M, et al. Machine learning predictive models for mineral prospectively: An evaluation of neural networks, random forest, regression trees and support vector machines[J]. Ore Geology Reviews, 2015, 71: 804 – 818.

[126] Sang X J, Xue LF, Liu J W, et al. A novel workflow for geothermal prospectively mapping weights – of – evidence in Liaoning Province, Northeast China [J]. Energies, 2017, 10: 1069.

[127] Schetselaar E, Ames D, Grunsky E. Integrated 3D geological modeling to gain insight in the effects of hydrothermal alteration on post – ore deformation style and strain localization in the Flin Flon Volcanogenic Massive Sulfide Ore System[J]. Minerals, 2018, 8: 3.

[128] Shabankareh M, Hezarkhani A. Application of support vector machines for copper potential mapping in Kerman region, Iran[J]. Journal of African Earth Sciences, 2017, 128: 116 – 126.

[129] Shirzadi A, Bui D T, Pham B T, et al. Shallow landslide susceptibility assessment using a novel hybrid intelligence approach[J]. Environmental Earth Sciences, 2017, 70: 60.

[130] Shirzadi A, Soliamani K, Habibnejhad M, et al. Novel GIS Based Machine Learning Algorithms for Shallow Landslide Susceptibility Mapping [J]. Sensors, 2018, 18 (3777): 1 – 28.

[131] Sillitoe R H. A plate tectonic model for the origin of porphyry copper deposits[J]. Economic Geology, 1972, 67: 184 – 197.

[132] Sillitoe R H. Iron oxide – copper – gold deposits: an Andean view[J]. Mineralium Deposita, 2003, 38: 787 – 812.

[133] Steger S, Brenning A, Bell R, et al. Exploring discrepancies between quantitative validation results and the geomorphic plausibility of statistical landslide susceptibility maps [J]. Geomorphology, 2016, 262: 8 – 23.

[134] Sun T, Chen F, Zhong L X, et al. GIS – based mineral prospectivity mapping using machine learning methods: A case study from Tongling ore district, eastern China[J]. Ore Geology Reviews, 2019, 109: 26 – 49.

[135] Sun T, Liu L M. Delineating the complexity of Cu – Mo mineralization in a porphyry intrusion by computational and fractal modeling: A case study of the Chehugou deposit in the Chifeng district, Inner Mongolia, China [J]. Journal of Geochemical Exploration, 2014, 144: 128 – 143.

[136] Sun T, Wu K X, Chen L K, et al. Joint application of fractal analysis and weights – of – evidence method for revealing the geological controls on regional – scale tungsten mineralization in Southern Jiangxi Province, China [J]. Minerals, 2017, 7: 243.

[137] Sun T, Xu Y, Yu X H, et al. Structural Controls on Copper Mineralization in the Tongling Ore District, Eastern China: Evidence from Spatial Analysis [J]. Minerals, 2018, 8: 254.

[138] Tang J, Zhou C, Wang X, et al. Deep electrical structure and geological significance of Tongling ore district [J]. Tectonophysics, 2013, 606, 78 – 96.

[139] Thiergärtner H. Theory and Practice in Mathematical Geology—Introduction and Discussion [J]. Mathematical Geology, 2006, 38: 659 – 665.

[140] Tien Bui D, Ho T C, Pradhan B, et al. GIS – based modelling of rainfall – induced landslides using data mining – based functional trees classifier with AdaBoost, Bagging, and MultiBoost ensemble frameworks [J]. Environmental Earth Sciences, 2016, 75: 1101.

[141] Tien Bui D, Tuan T A, Klempe H, et al. Spatial prediction models for shallow landslide hazards: a comparative assessment of the efficacy of support vector machines, artificial neural networks, kernel logistic regression, and logistic model tree [J]. Landslides, 2015. 13: 361 – 378.

[142] Tosdal R M, Richards J P. Magmatic and structural controls on the developments of porphyry Cu ± Mo ± Au deposits [J]. Reviews in Economic Geology, 2001, 14: 157 – 181.

[143] Truong X, Mitamura M, Kono Y, et al. Enhancing Prediction Performance of Landslide Susceptibility Model Using Hybrid Machine Learning Approach of Bagging Ensemble and Logistic Model Tree [J]. Applied Science, 2018, 8: 1046.

[144] Vapnik V. The Nature of Statistical Learning Theory [M]. New York: Springer – Verlag, 2000.

[145] Vasu N N, Lee S. A hybrid feature selection algorithm integrating an extreme learning machine for landslide susceptibility modeling of Mt. Woomyeon, South Korea [J]. Geomorphology, 2016, 263: 50 – 70.

[146] Waldron J W F. Extensional fault arrays in strike – slip and transtension [J]. Journal of Structural Geology, 2005, 27: 23 – 34.

[147] Wang C B, Rao J F, Chen J G, et al. Prospectivity Mapping for "Zhuxi – type" Copper –

Tungsten Polymetallic Deposits in the Jingdezhen Region of Jiangxi Province, South China[J]. Ore Geology Reviews, 2017, 89: 1 – 14.

[148] Wang Q F, Deng J, Huang D H, et al. Deformation model for the Tongling ore cluster region, East – Central China[J]. International Geology Review, 2011, 53: 562 – 579.

[149] Wang W, Zhao J, Cheng Q. GIS – based mineral exploration modeling by advanced geo – information analysis methods in southeastern Yunnan mineral district, China[J]. Ore Geology Reviews, 2015, 71: 735 – 748.

[150] Wang Y J, Fan W M, Peng T P, et al. Elemental and Sr – Nd isotopic systematics of the early Mesozoic volcanic sequence in southern Jiangxi Province, South China: Petrogenesis and tectonic implications[J]. International Journal of Earth Sciences, 2005, 94: 53 – 65.

[151] Wang Y, Fang Z, Hong H. Comparison of convolutional neural networks for landslide susceptibility mapping in Yanshan County, China [J]. Science of the Total Environment, 2019, 666: 975 – 993.

[152] Wu C, Dong S, Robinson P, et al. Petrogenesis of high – K, calc – alkaline and shoshonitic intrusive rocks in the Tongling area, Anhui Province (eastern China), and their tectonic implications[J]. Geological Society of America Bulletin, 2014, 126: 78 – 102.

[153] Wu C, Qiao J, Wang M. Landslides and Slope Aspect in the Three Gorges Reservoir Area Based on GIS and Information Value Model [J]. Wuhan University Journal of Natural Sciences, 2006, 11(4): 773 – 779.

[154] Wu G, Zhang D, Zang W. Study of tectonic layering motion and layering mineralization in the Tongling metallogenic cluster[J]. Science China – Earth Sciences, 2003, 46: 852 – 863.

[155] Wyborn L A I, Heinrich C A, Jaques A L. Australian Proterozoic mineral systems: essential ingredients and mappable criteria. Australia [J]. Journal of the City Planning Institute of Japan, 1994, 5: 109 – 115.

[156] Xiao L, Zhang Y, Peng G. Landslide Susceptibility Assessment Using Integrated Deep Learning Algorithm along the China – Nepal Highway[J]. Sensors, 2018, 18(4436): 1 – 13.

[157] Xie J C, Yang X Y, Sun W D, et al. Early Cretaceous dioritic rocks in the Tongling region, Eastern China: Implications for the tectonic settings[J]. Lithos, 2012, 150: 49 – 61.

[158] Xie J Y, Wang G W, Sha Y Z, et al. GIS prospectivity mapping and 3D modeling validation for potential uranium deposit targets in Shangnan district, China[J]. Journal of African Earth Sciences, 2017, 128: 161 – 175.

[159] Xie J, Wang Y, Li Q, et al. Petrogenesis and metallogenic implications of Late Mesozoic intrusive rocks in the Tongling region, eastern China: a case study and perspective review[J].

International Geology Review, 2018, 60: 1361 – 1380

[160] Xie X, Mu X, Ren T. Geochemical mapping in China [J]. Journal of Geochemical Exploration, 1997, 60: 99 – 113.

[161] Xiong Y, Zuo R. Effects of misclassification costs on mapping mineral prospectivity[J]. Ore Geology Reviews, 2017, 82: 1 – 9.

[162] Yang J H, Peng J T, Hu R Z, et al. Garnet geochemistry of tungsten – mineralized Xihuashan granites in South China[J]. Lithos, 2013, 177: 79 – 90.

[163] Yang J H, Peng J T, Zhao J H, et al. Petrogenesis of the Xihuashan Granite in Southern Jiangxi Province, South China: Constraints from Zircon U – Pb Geochronology, Geochemistry and Nd Isotopes[J]. Acta Geologica Sinica, 2012, 86: 131 – 152.

[164] Yousefi M, Carranza E J M. Data – driven index overlay and Boolean logic mineral prospectivity modelling in greenfields exploration[J]. Natural Resources Research, 2015b, 25: 3 – 18.

[165] Yousefi M, Carranza E J M. Geometric average of spatial evidence data layers: A GIS – based multi – criteria decision – making approach to mineral prospectivity mapping[J]. Computer & Geosciences, 2015a, 83: 72 – 79.

[166] Yousefi M, Nykänen V. Introduction to the special issue: GIS – based mineral potential targeting[J]. Journal of African Earth Sciences, 2017, 128: 1 – 4.

[167] Yuan F, Li X H, Zhang M M, et al. Three – dimensional weights of evidence – based prospectivity modeling: A case study of the Baixiangshan mining area, Ningwu Basin, Middle and Lower Yangtze Metallogenic Belt, China[J]. Journal of Geochemical Exploration, 2014, 145: 82 – 97.

[168] Zaremotlagh S, Hezarkhani A. The use of decision tree induction and artificial neural networks for recognizing the geochemical distribution patterns of LREE in the Choghart deposit, Central Iran[J]. Journal of African Earth Sciences, 2017, 128: 37 – 46.

[169] Zeng M, Zhang D, Zhang Z, et al. Structural controls on the Lala iron – copper deposit of the Kangdian metallogenic province, southwestern China: Tectonic and metallogenic implications [J]. Ore Geology Reviews, 2018, 97: 35 – 54.

[170] Zhang K, Wu X, Niu R, et al. The assessment of landslide susceptibility mapping using random forest and decision tree methods in the Three Gorges Reservoir area, China [J]. Environmental Earth Sciences, 2017c, 76: 405.

[171] Zhang N, Zhou K, Li D. Back – propagation neural network and support vector machines for gold mineral prospectivity mapping in the Hatu region, Xinjiang, China[J]. Earth Science

Informatics, 2018a.

[172] Zhang Y, Shao Y J, Chen H Y, et al. A hydrothermal origin for the large Xinqiao Cu – S – Fe deposit, Eastern China: Evidence from sulfide geochemistry and sulfur isotopes[J]. Ore Geology Reviews, 2017b, 88: 534 – 549.

[173] Zhang Y, Shao Y J, Li H B, et al. Genesis of the Xinqiao Cu – S – Fe – Au deposit in the Middle – Lower Yangtze River Valley metallogenic belt, Eastern China: Constraints from U – Pb – Hf, Rb – Sr, S, and Pb isotopes[J]. Ore Geology Reviews, 2017a, 86: 100 – 116.

[174] Zhang Y, Shao Y, Zhang R, et al. Dating ore deposit using garnet U – Pb geochronology: Example from the Xinqiao Cu – S – Fe – Au deposit, Eastern China[J]. Minerals, 2018b, 8: 31.

[175] Zhang Z, Zuo R, Xiong Y. A comparative study of fuzzy weights of evidence and random forests for mapping mineral prospectivity for skarn – type Fe deposits in the southwestern Fujian metallogenic belt, China[J]. Science China – Earth Sciences, 2015, 59: 556 – 572.

[176] Zhao C B, Hobbs B E, Ord A. Fundamentals of Computational Geoscience: Numerical Methods and Algorithms[M]. Berlin: Springer, 2009.

[177] Zhao J N, Chen S Y, Zuo R G, et al. Mapping complexity of spatial distribution of faults using fractal and multifractal models: Vectoring towards exploration targets [J]. Computer & Geosciences, 2011, 37: 1958 – 1966.

[178] Zhou T, Wang S, Fan Y, et al. A review of the intracontinental porphyry deposits in the Middle – Lower Yangtze River Valley metallogenic belt, Eastern China [J]. Ore Geology Reviews, 2015, 65: 433 – 456.

[179] Zuo R, Cheng Q, Xia Q. Application of fractal models to characterization of vertical distribution of geochemical element concentration[J]. Journal of Geochemical Exploration, 2009a, 102: 37 – 43.

[180] Zuo R, Carranza E J M. Support vector machine: A tool for mapping mineral prospectivity[J]. Computer & Geosciences, 2011, 37: 1967 – 1975.

[181] Zuo R, Cheng Q, Agterberg F P. Application of a hybrid method combining multilevel fuzzy comprehensive evaluation with asymmetric fuzzy relation analysis to mapping prospectivity[J]. Ore Geology Reviews, 2009b, 35: 101 – 108.

[182] Zuo R, Wang J. Fractal/multifractal modeling of geochemical data: A review[J]. Journal of Geochemical Exploration, 2016, 164: 33 – 41.

[183] Zuo R. Exploring the effects of cell size in geochemical mapping[J]. Journal of Geochemical Exploration, 2012, 112: 357 – 367.

[184] Zuo R. Machine Learning of Mineralization – Related Geochemical Anomalies: A Review of Potential Methods[J]. Natural Resources Research, 2017, 26: 457 – 464.

[185] 安徽省地质矿产局. 安徽省区域地质志[M]. 北京:地质出版社, 1987.

[186] 常印佛, 刘湘培, 吴言昌. 长江中下游铜铁成矿带[M]. 北京:地质出版社, 1991.

[187] 常印佛, 刘学圭. 关于层控矽卡岩型矿床——以安徽省内下扬子拗陷中一些矿床为例[J]. 矿床地质, 1983, 2(1): 11 – 20.

[188] 陈希清, 付建明. 南岭地区地球化学图集[M]. 武汉:中国地质大学出版社, 2012.

[189] 戴福初, 姚鑫, 谭国焕. 滑坡灾害空间预测支持向量机模型及其应用[J]. 地学前缘, 2007(06): 153 – 159.

[190] 地质矿产部《南岭项目》构造专题组. 南岭区域构造特征及控岩控矿构造研究[M]. 北京:地质出版社, 1988.

[191] 杜国梁. 喜马拉雅东构造结地区滑坡发育特征及危险性评价[D]. 北京:中国地质科学院, 2017.

[192] 杜建国, 万秋, 兰学毅, 等. 安徽铜陵地区深部矿产地质调查与成矿预测[M]. 北京:地质出版社, 2016.

[193] 杜轶伦. 安徽铜陵地区层控矽卡岩型矿床控矿因素及成矿模型研究[D]. 北京:中国地质大学, 2013.

[194] 顾连兴, 徐克勤. 论长江中、下游中石炭世海底块状硫化物矿床[J]. 地质学报, 1986, 60: 176 – 188.

[195] 胡德勇, 李京, 陈云浩, 等. 基于 GIS 的热带雨林地区滑坡敏感性分析——马来西亚金马伦高原个案研究[J]. 自然灾害学报, 2008, 17(06): 147 – 152.

[196] 胡海霞. 川西藏区"三生"空间分析与优化研究[D]. 四川:四川师范大学, 2018.

[197] 胡铁松, 王尚庆. 滑坡预测的改进前馈网络方法研究[J]. 自然灾害学报, 1998(01): 55 – 61.

[198] 江西省地质矿产勘查开发局. 赣南地区钨锡铅锌多金属矿找矿方向及靶区优选[R]. 南昌:江西省地质矿产勘查开发局, 2002.

[199] 兰学毅, 杜建国, 严加永, 等. 基于先验信息约束的重磁三维交互反演建模技术——以铜陵矿集区为例[J]. 地球物理学报, 2015, 58: 4436 – 4449.

[200] 刘卫明, 李忠利, 毛伊敏. 不确定近似骨架蚁群聚类算法在滑坡危险性预测中的研究与应用[J]. 计算机工程与科学, 2018, 40(12): 2234 – 2242.

[201] 刘文灿, 李东旭, 高德臻. 铜陵地区构造变形系统复合时序及复合效应分析[J]. 地质力学学报, 1996(2): 42 – 48.

[202] 李红阳, 杨竹森, 蒙义峰, 等. 铜陵矿集区块状硫化物矿床地质特征[J]. 矿床地质,

2004, 23: 327 - 333.

[203] 李进文. 铜陵矿集区矿田构造控矿与成矿化学动力学研究[D]. 北京: 中国地质科学院, 2004.

[204] 李朋丽, 田伟平, 李家春. 基于 BP 神经网络的滑坡稳定性分析[J]. 广西大学学报(自然科学版), 2013, 38(04): 905 - 911.

[205] 罗威. 堆积层滑坡变形破坏机制分析及支挡结构数值模拟[D]. 四川: 西南交通大学, 2017.

[206] 陆三明. 安徽铜陵狮子山铜金矿田岩浆作用与流体成矿[D]. 合肥: 合肥工业大学, 2007.

[207] 陆顺富. 基于区域化探数据分析的找矿靶区预测[D]. 武汉: 中国地质大学, 2014.

[208] 吕庆田, 侯增谦, 赵金花, 等. 深地震反射剖面揭示的铜陵矿集区复杂地壳结构形态[J]. 中国科学(D 辑: 地球科学), 2003, 33: 442 - 449.

[209] 毛景文, Stein H, 杜安道, 等. 长江中下游地区铜金(钼)矿 Re - Os 年龄测定及其对成矿作用的指示[J]. 地质学报, 2004, 78(1): 121 - 131.

[210] 毛景文, 邵拥军, 谢桂青, 等. 长江中下游成矿带铜陵矿集区铜多金属矿床模型[J]. 矿床地质, 2009, 28(02): 109 - 119.

[211] 毛伊敏, 彭喆, 陈志刚, 等. 基于不确定决策树分类算法在滑坡危险性预测的应用[J]. 计算机应用研究, 2014, 31(12): 3646 - 3650.

[212] 梅燕雄, 毛景文, 李进文, 等. 安徽铜陵大团山铜矿床层状矽卡岩矿体中辉钼矿 Re - Os 年龄测定及其地质意义[J]. 地球学报, 2005, 26(4): 327 - 331.

[213] 孟贵祥. 大型矿集区接替资源定位预测研究[D]. 北京: 中国地质科学院, 2006.

[214] 倪恒, 刘佑荣, 龙治国. 正交设计在滑坡敏感性分析中的应用[J]. 岩石力学与工程学报, 2002(07): 989 - 992.

[215] 倪化勇, 王德伟, 陈绪钰, 等. 四川雅江县城地质灾害发育特征与稳定性评价[J]. 现代地质, 2015, 29(02): 474 - 480.

[216] 邱海军. 区域滑坡崩塌地质灾害特征分析及其易发性和危险性评价研究[D]. 西安: 西北大学, 2012.

[217] 沈芳, 黄润秋, 苗放等. 区域地质环境评价与灾害预测的 GIS 技术[J]. 山地学报, 1999(04): 338 - 342.

[218] 唐然, 刘宗祥, 邓韧, 等. 四川南充龙头山滑坡发育特征与形成演化[J]. 科学技术与工程, 2018, 18(32): 7 - 13.

[219] 谭龙, 陈冠, 王思源, 等. 逻辑回归与支持向量机模型在滑坡敏感性评价中的应用[J]. 工程地质学报, 2014, 22(01): 56 - 63.

[220] 王德伟，倪化勇，陈绪钰，等. 2017. 2010 年四川省雅江县地质灾害调查数据集[J]. 中国地质，44(S1)：82 - 87.

[221] 王恭先. 滑坡防治中的关键技术及其处理方法[J]. 岩石力学与工程学报，2005(21)：20 - 29.

[222] 王庆飞. 铜陵矿集区构造—岩浆—成矿系统模型研究[D]. 北京：中国地质大学，2005.

[223] 万秋，杜建国. 铜陵深部成矿与找矿方向探讨[J]. 西北地质，2015，48(02)：205 - 215.

[224] 吴才来，高前明，国和平，等. 铜陵中酸性侵入岩成因及锆石 SHRIMP 定年[J]. 岩石学报，2010，26(9)：2630 - 2652.

[225] 熊浪涛，田原，刘鹏. 滑坡危险性区划中基于一类分类模型的样本筛选[J]. 地理与地理信息科学，2016，32(03)：43 - 48 + 2.

[226] 徐文艺，杨竹森，蒙义峰，等. 安徽铜陵矿集区块状硫化物矿床成因模型与成矿流体动力学迁移[J]. 矿床地质，2004，23：353 - 364.

[227] 许冲，戴福初，徐素宁，等. 基于逻辑回归模型的汶川地震滑坡危险性评价与检验[J]. 水文地质工程地质，2013，40(03)：98 - 104.

[228] 许建祥，曾载淋，王登红，等. 赣南钨矿新类型及"五层楼 + 地下室"找矿模型[J]. 地质学报，2008，82(7)：880 - 887.

[229] 严加永，吕庆田，陈明春，等. 基于重磁场多尺度边缘检测的地质构造信息识别与提取——以铜陵矿集区为例[J]. 地球物理学报，2015，58(12)：4450 - 4464.

[230] 严加永，吕庆田，孟贵祥，等. 铜陵矿集区中酸性岩体航磁 3D 成像及对深部找矿方向的指示[J]. 矿床地质，2009，28(06)：838 - 849.

[231] 于宪煜，胡友健，牛瑞卿. 基于 RS - 支持向量机模型的滑坡易发性评价因子选择方法研究[J]. 地理与地理信息科学，2016，32(03)：23 - 28.

[232] 喻根，Maathuis B H P，van Westen C J. 基于 GIS 的滑坡预测模型的预测率及其作用[J]. 岩石力学与工程学报，2007(02)：285 - 291.

[233] 张彩霞，杨勤科，李锐. 基于 DEM 的地形湿度指数及其应用研究进展[J]. 地理科学进展，2005(06)：116 - 123.

附录　彩图

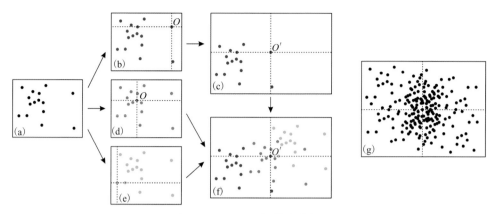

图 2 - 2　Fry 图解构建流程

（a）为原始数据图板；（b）、（c）以某原始数据点为参照点将数据点迁移到 Fry 图板；
（d）、（e）、（f）为以其他原始数据点为参照点将数据迁移到 Fry 图板；（g）为最终 Fry 图

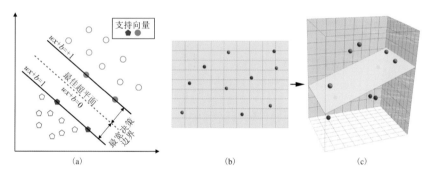

图 2 - 3　支持向量机的基本思想

（a）经典二维数据空间里支持向量机的最佳分类方案；（b）二维数据空间中线性不可分的问题；
（c）高维空间构建超平面进行分类

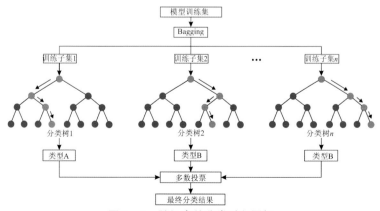

图 2 - 4　随机森林分类过程图解

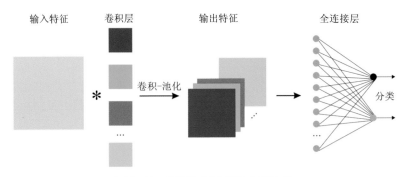

图 2 − 7　卷积神经网络的典型结构

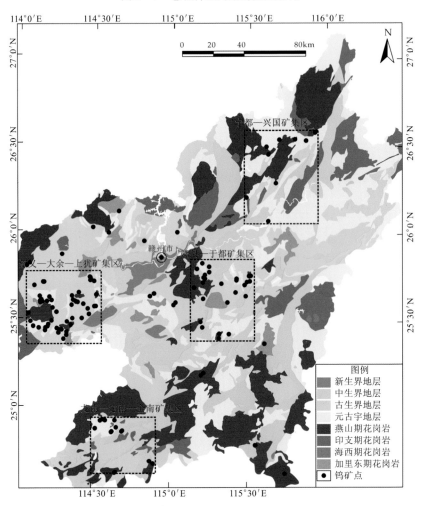

图 3 − 1　赣南地区地质简图(据 Feng et al. , 2011；Fang et al. , 2015 修改)

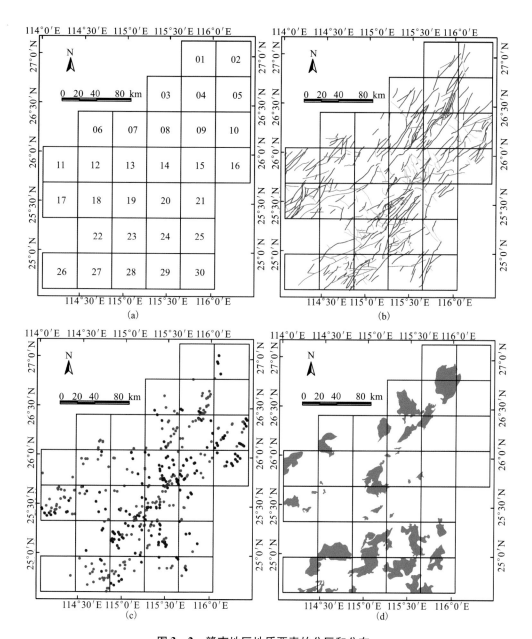

图 3-2　赣南地区地质要素的分区和分布

(a)研究区分区与编号；(b)区域断裂分布，其中 NE—NNE 向断裂标注为红色，EW 向断裂标注为蓝色，NW—NNW 向断裂标注为绿色；(c)断裂交点分布，其中 NE—NNE 向断裂与 EW 向断裂之间的交点标注为红色；(d)燕山期花岗岩分布

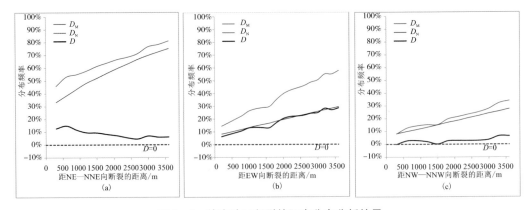

图 3-3　赣南地区断裂的距离分布分析结果
（a）NE—NNE 向断裂；（b）EW 向断裂；（c）NW—NNW 向断裂；
其中 D_M：矿点分布频率，D_N：非矿点分布频率；$D = D_M - D_N$

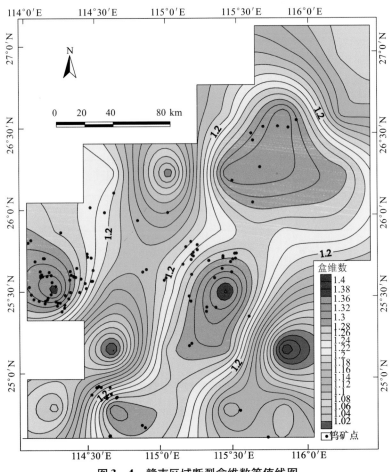

图 3-4　赣南区域断裂盒维数等值线图

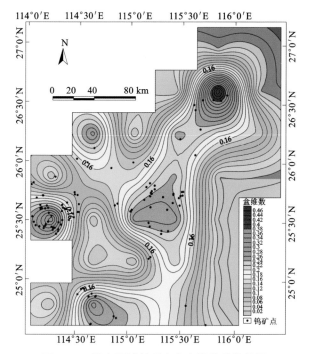

图 3 - 5 赣南区域断裂交点盒维数等值线图

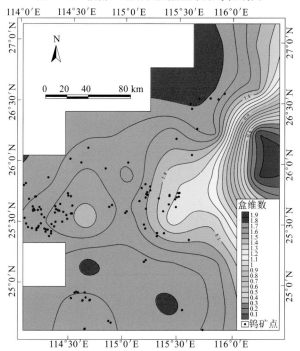

图 3 - 6 赣南地区燕山期花岗岩的盒维数等值线图

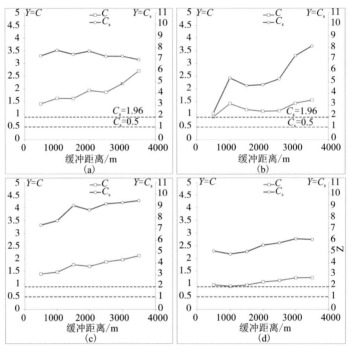

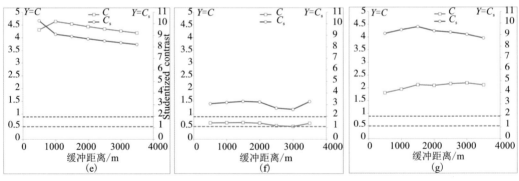

图 3 - 8 赣南地区各地质要素的证据权重分析结果
(a)区域断裂；(b)区域断裂交点；(c)燕山期花岗岩；(d)磁异常；
(e)钨异常；(f)铁异常；(g)锰异常

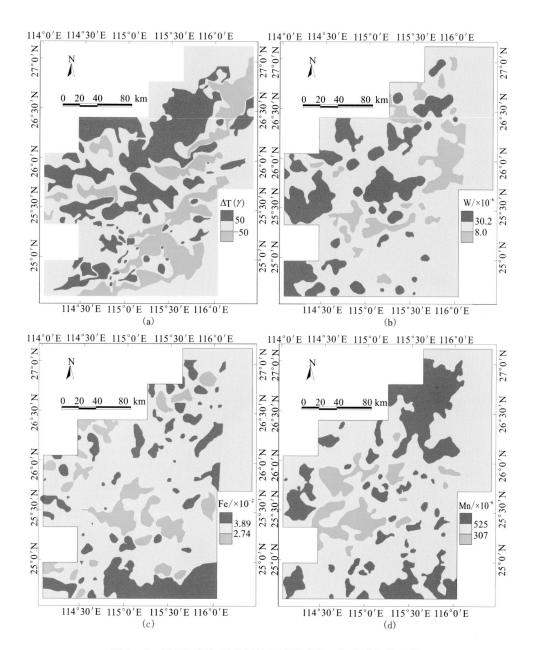

图 3 - 9 用于证据权重分析的区域地球物理和地球化学异常
(a)磁异常;(b)钨异常;(c)铁异常;(d)锰异常

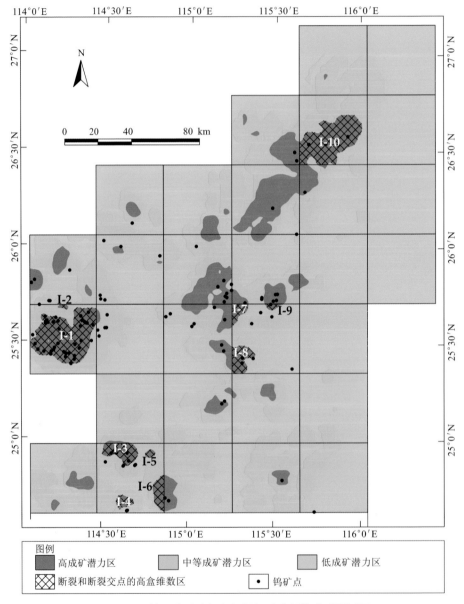

图 3 – 10   基于分形分析和证据权重分析的成矿预测图

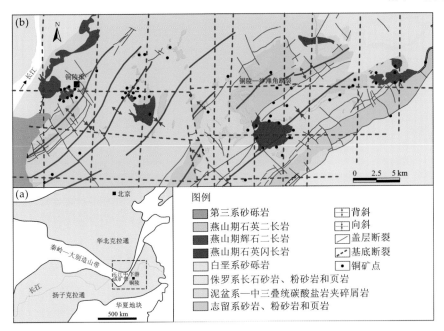

图 4-2　铜陵地区地质简图(据常印佛等, 1991; Deng et al., 2006;
Wang et al., 2011; 杜轶伦, 2013 修改)
(a)研究区大地构造位置;(b)研究区岩性、构造、岩浆岩和矿产分布

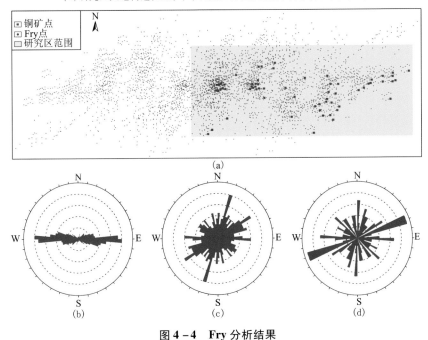

图 4-4　Fry 分析结果
(a)矿点与 Fry 点;(b)全区域 Fry 点玫瑰花图;
(c)小于 4.5 km 的 Fry 点玫瑰花图;(d)小于 1.5 km 的 Fry 点玫瑰花图

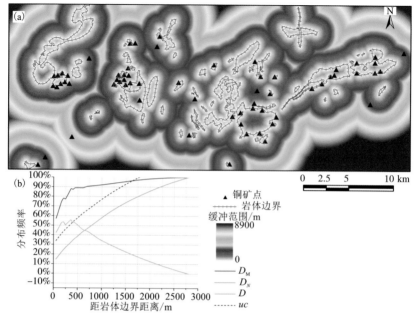

图 4-5　岩体边界缓冲距离分析

（a）边界缓冲距离图示；（b）缓冲距离内的矿点分布频率；其中 D_M：矿点分布频率，D_N：
非矿点分布频率，$D = D_M - D_N$，uc：置信曲线

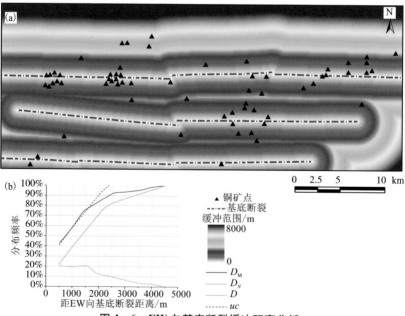

图 4-6　EW 向基底断裂缓冲距离分析

（a）断裂缓冲距离图示；（b）缓冲距离内的矿点分布频率；其中 D_M：矿点分布频率，D_N：
非矿点分布频率，$D = D_M - D_N$，uc：置信曲线

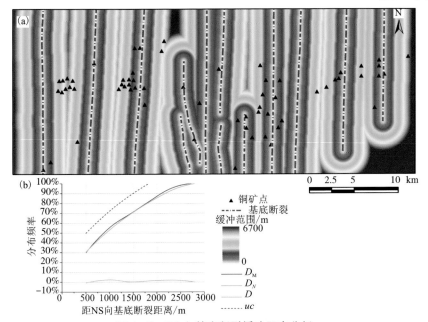

图 4 - 7　NS 向基底断裂缓冲距离分析
（a）断裂缓冲距离图示；（b）缓冲距离内的矿点分布频率；其中 D_M：矿点分布频率，D_N：
非矿点分布频率，$D = D_M - D_N$，uc：置信曲线

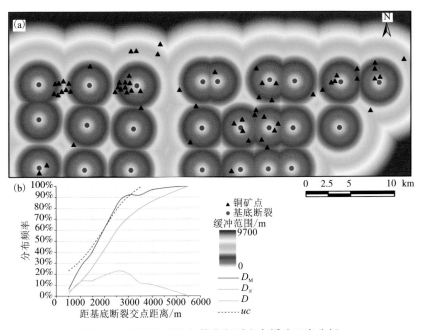

图 4 - 8　EW 和 NS 向基底断裂交点缓冲距离分析
（a）缓冲距离图示；（b）缓冲范围矿点分布频率；其中 D_M：矿点分布频率，D_N：
非矿点分布频率，$D = D_M - D_N$，uc：置信曲线

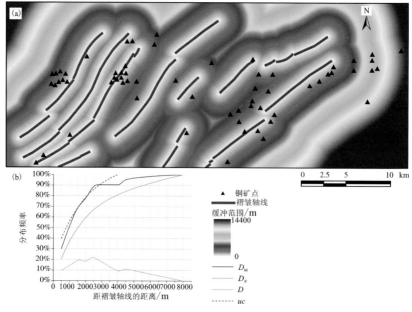

图 4 - 9　褶皱轴线缓冲距离分析

（a）褶皱轴线缓冲距离图示；（b）缓冲距离内的矿点分布频率；其中 D_M：矿点分布频率，D_N：

非矿点分布频率，$D = D_M - D_N$，uc：置信曲线

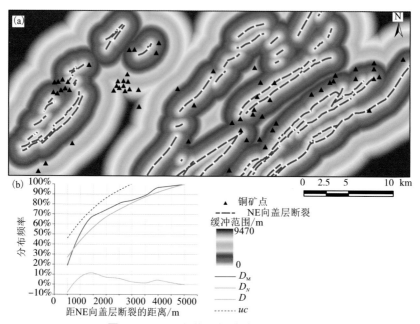

图 4 - 10　NE 向盖层断裂缓冲距离分析

（a）断裂缓冲距离图示；（b）缓冲距离内的矿点分布频率；其中 D_M：矿点分布频率，D_N：

非矿点分布频率，$D = D_M - D_N$，uc：置信曲线

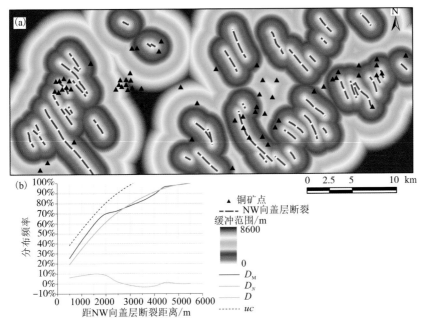

图 4-11 NW 向盖层断裂缓冲距离分析

(a)断裂缓冲距离图示;(b)缓冲距离内的矿点分布频率;其中 D_M:矿点分布频率,D_N:

非矿点分布频率,$D = D_M - D_N$,uc:置信曲线

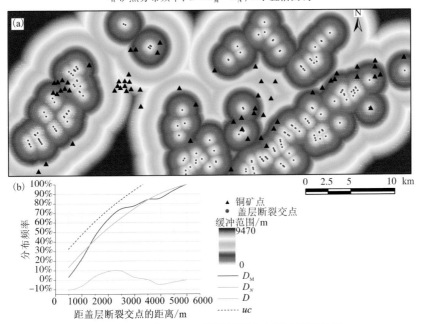

图 4-12 NE 和 NW 向盖层断裂交点缓冲距离分析

(a)缓冲距离图示;(b)缓冲距离内矿点分布频率;其中 D_M:矿点分布频率,D_N:

非矿点分布频率,$D = D_M - D_N$,uc:置信曲线

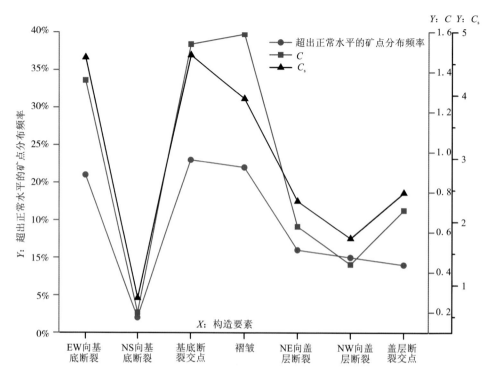

图 4 - 13 距离分布分析和证据权重分析得出的空间关系定量评价指标的对比图示

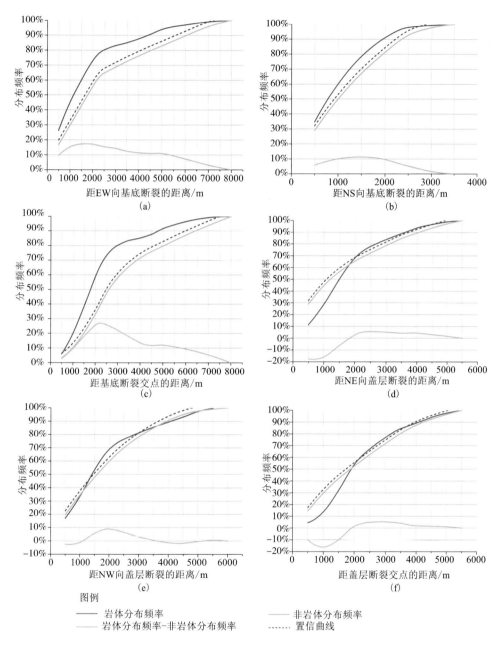

图例
—— 岩体分布频率　　　　　　　　　　—— 非岩体分布频率
—— 岩体分布频率-非岩体分布频率　　　------ 置信曲线

图 4 - 14　构造要素缓冲距离内的岩体分布频率
(a)EW 向基底断裂;(b)NS 向基底断裂;(c)基底断裂交点;
(d)NE 向盖层断裂;(e)NW 向盖层断裂;(f)盖层断裂交点

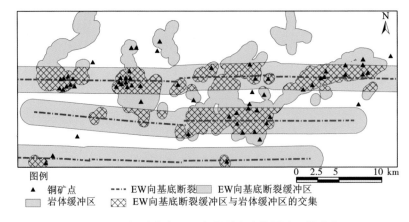

图例

▲ 铜矿点　　----- EW向基底断裂　▨ EW向基底断裂缓冲区
▨ 岩体缓冲区　　▨ EW向基底断裂缓冲区与岩体缓冲区的交集

图 4 - 15　铜矿点在 EW 向断裂和岩体缓冲区的分布

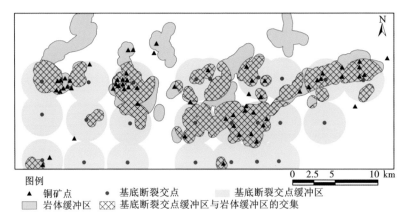

图例

▲ 铜矿点　　• 基底断裂交点　　▨ 基底断裂交点缓冲区
▨ 岩体缓冲区　▨ 基底断裂交点缓冲区与岩体缓冲区的交集

图 4 - 16　铜矿点在基底断裂交点和岩体缓冲区的分布

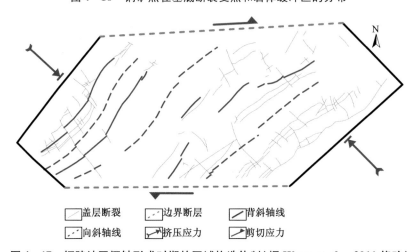

▱ 盖层断裂　　⬭ 边界断层　　◿ 背斜轴线
◿ 向斜轴线　　◿ 挤压应力　　◿ 剪切应力

图 4 - 17　铜陵地区褶皱形成时期的区域构造体制（据 Wang et al. , 2011 修改）

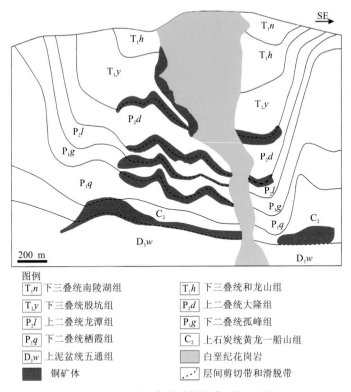

图例
T_1n 下三叠统南陵湖组	T_1h 下三叠统和龙山组
T_1y 下三叠统殷坑组	P_2d 上二叠统大隆组
P_2l 上二叠统龙潭组	P_1g 下二叠统孤峰组
P_1q 下二叠统栖霞组	C_2 上石炭统黄龙—船山组
D_3w 上泥盆统五通组	白垩纪花岗岩
铜矿体	层间剪切带和滑脱带

图 4 - 19 铜陵地区狮子山矿田层控矽卡岩矿体的典型剖面(据 Wu et al., 2003 修改)

图 4 - 20 铜陵地区上石炭统灰岩与上泥盆统石英砂岩层间剪切带的野外照片

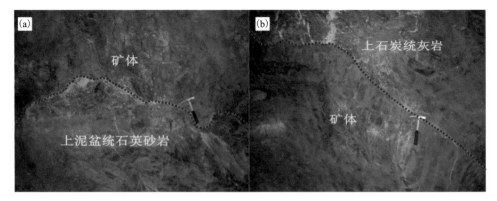

图4-21　新桥矿床层控矿体与围岩边界的井下照片
(a)矿体与下伏上泥盆统石英砂岩的分界面；(b)矿体与上覆上石炭统灰岩的分界面

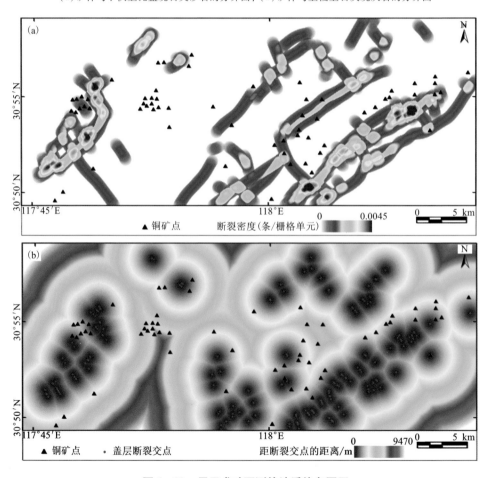

图4-22　用于成矿预测的地质信息图层
(a)盖层断裂密度；(b)盖层断裂交点邻区

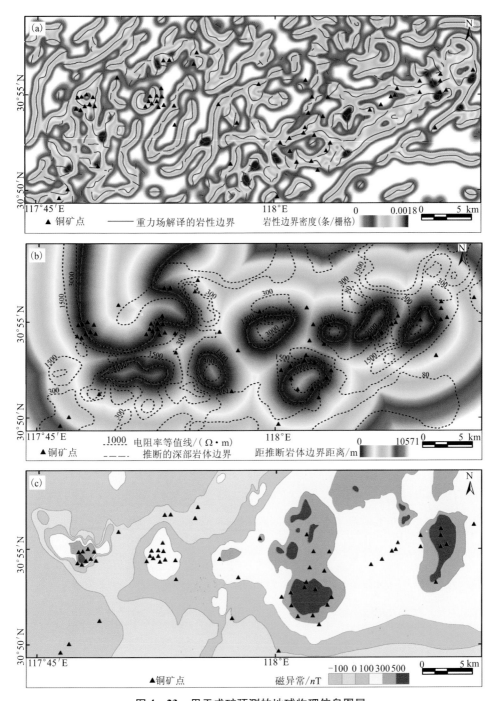

图 4 – 23 用于成矿预测的地球物理信息图层

（a）基于重力场边缘识别的岩性边界密度；（b）电阻率异常推测的岩体深部边界邻区；（c）磁异常

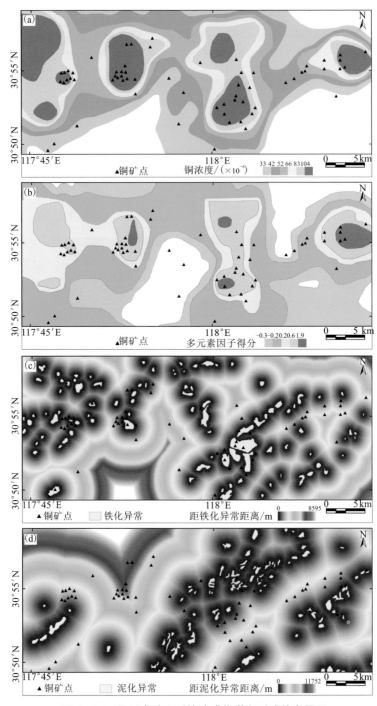

图 4 - 24　用于成矿预测的地球化学和遥感信息图层
(a)铜元素地球化学异常;(b)钨 – 铜 – 钼多元素地球化学异常;(c)铁化蚀变异常;(d)泥化蚀变异常

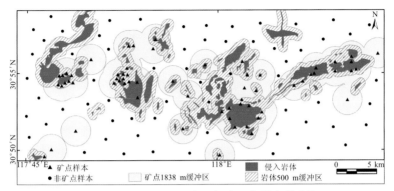

图 4-26　输入数据集中正样本和负样本的选取

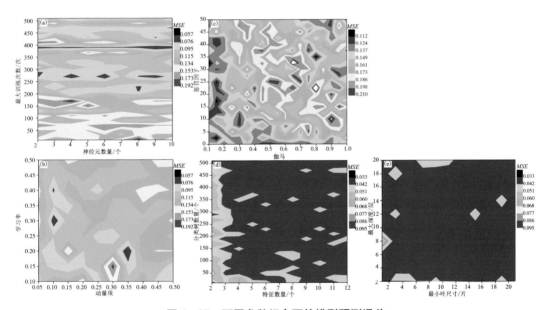

图 4-27　不同参数组合下的模型预测误差

（a）人工神经网络神经元数量与训练次数的参数组合预测结果；（b）人工神经网络学习率和动量项的
参数组合预测结果；（c）支持向量机伽马和惩罚因子参数组合预测结果；（d）随机森林分类树数目和特
征向量数目参数组合预测结果；（e）随机森林最大深度和最小叶片数量参数组合预测结果

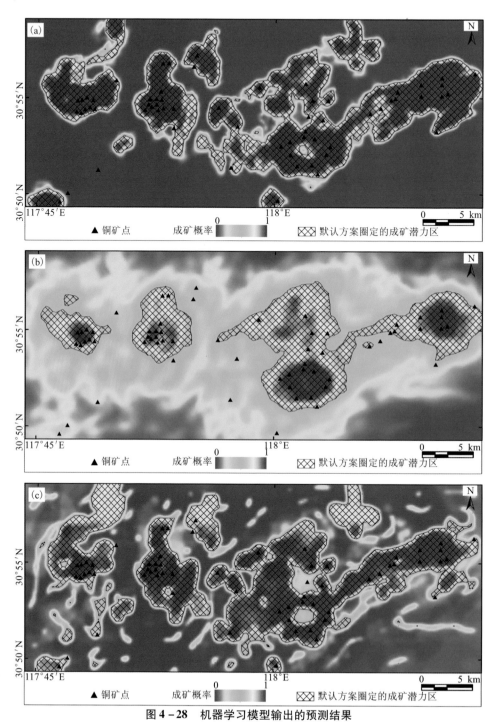

图 4 – 28 机器学习模型输出的预测结果
(a)支持向量机预测结果；(b)人工神经网络预测结果；(c)随机森林预测结果

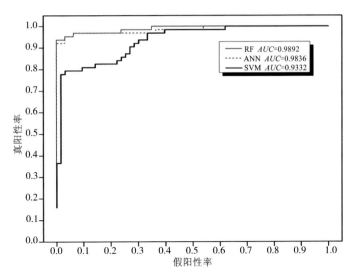

图 4 – 29　随机森林(RF)、人工神经网络(ANN)
和支持向量机(SVM)的 *ROC* 曲线和 *AUC* 值

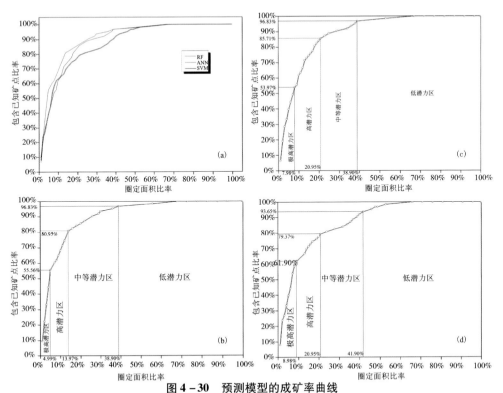

图 4 – 30　预测模型的成矿率曲线

(a)三种模型的成功率曲线对比,RF:随机森林,ANN:人工神经网络,SVM:支持向量机;(b)随机
森林模型的成矿潜力区划分;(c)人工神经网络模型的成矿潜力区划分;(d)支持向量机模型的成矿
潜力区划分

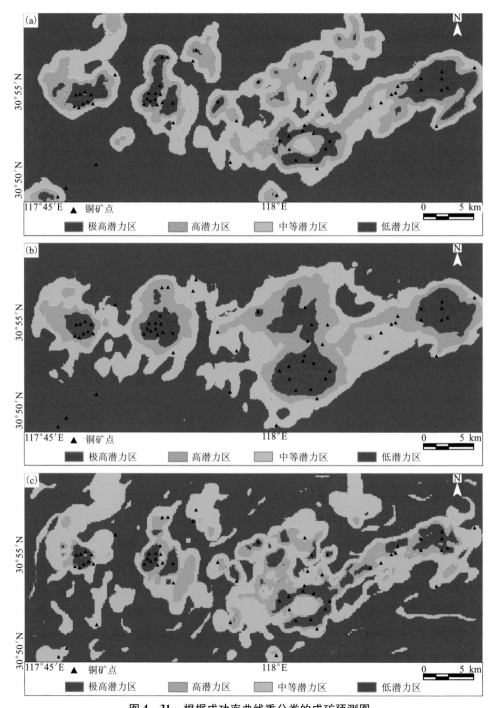

图 4-31   根据成功率曲线重分类的成矿预测图

(a)人工神经网络模型;(b)支持向量机模型;(c)随机森林模型

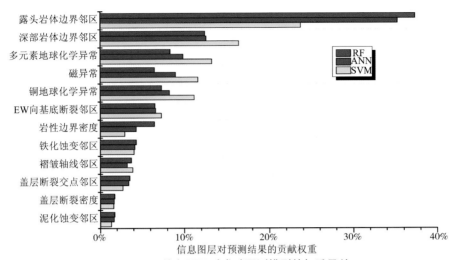

图 4 - 32　信息图层对成矿预测模型的权重贡献

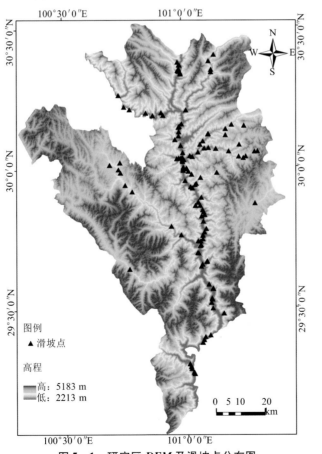

图 5 - 1　研究区 *DEM* 及滑坡点分布图

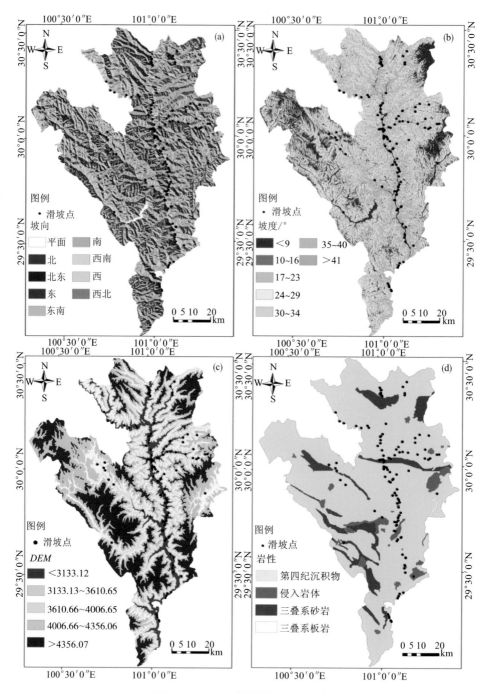

图5-2　研究区滑坡影响因子图层

(a)坡向；(b)坡度；(c)DEM；(d)岩性

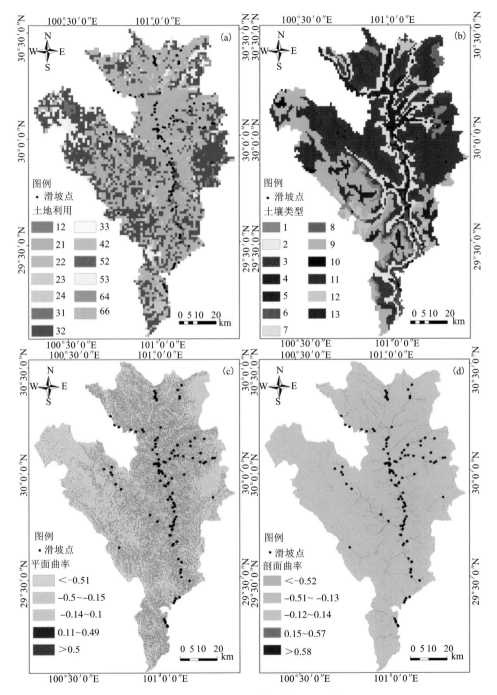

图 5 - 3 研究区滑坡影响因子图层
（a）土地利用；（b）土壤类型；（c）平面曲率；（d）剖面曲率

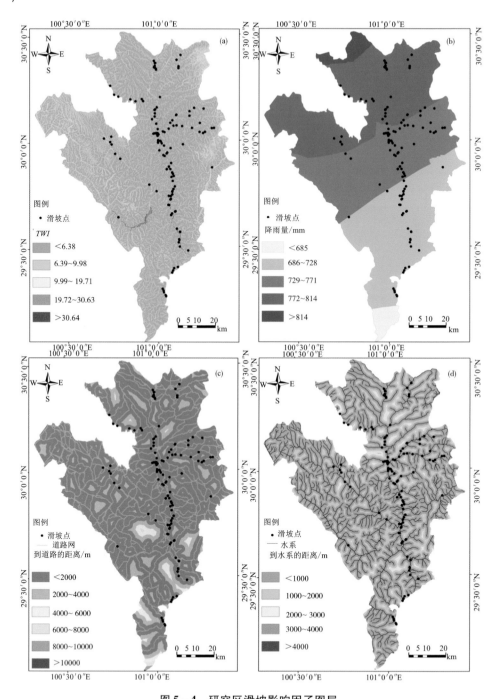

图 5 - 4 研究区滑坡影响因子图层
(a)地形湿度指数(*TWI*);(b)降雨量;(c)到道路的距离;(d)到水系的距离

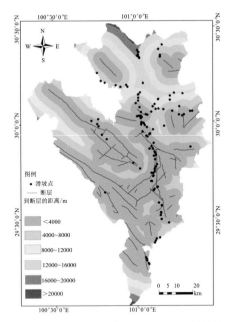

图 5 - 5　研究区滑坡影响因子图层：到断裂的距离

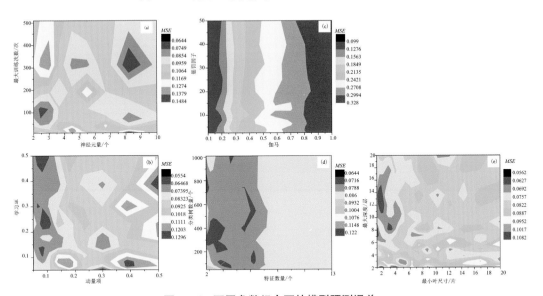

图 5 - 6　不同参数组合下的模型预测误差

（a）人工神经网络神经元数量与训练次数的参数组合预测结果；（b）人工神经网络学习率和动量项的参数组合预测结果；（c）支持向量机伽马和惩罚因子参数组合预测结果；（d）随机森林分类树数目和特征向量数目参数组合预测结果；（e）随机森林最大深度和最小叶片数量参数组合预测结果

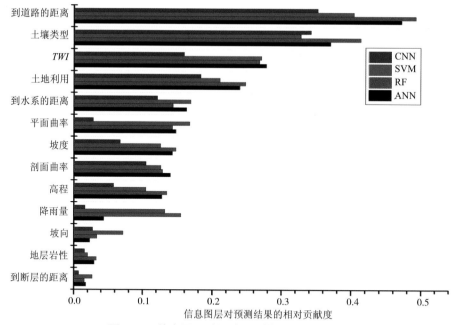

图 5-7 信息图层对滑坡预测模型的权重贡献

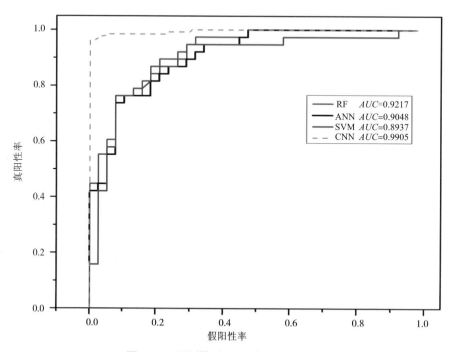

图 5-8 预测模型 *ROC* 曲线及 *AUC* 值

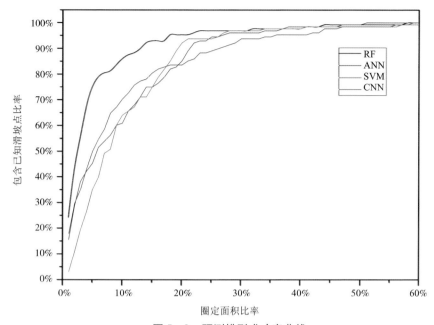

图 5-9 预测模型成功率曲线

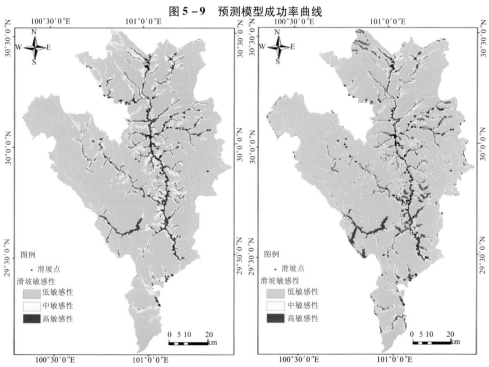

图 5-14 随机森林滑坡敏感性预测图　图 5-15 人工神经网络滑坡敏感性预测图

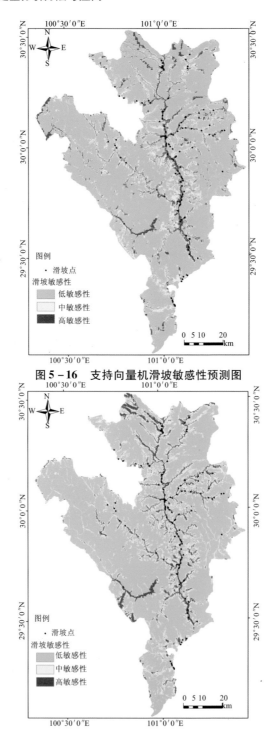

图 5-16　支持向量机滑坡敏感性预测图

图 5-17　卷积神经网络滑坡敏感性预测图